Manfred Betzwieser
Eldiscreto
Chronologie des El Hierro Vulkan

Manfred Betzwieser

Eldiscreto
Chronologie des El Hierro Vulkan

Bibliografische Information der Deutschen Nationalbibliothek
Die Deutsche Nationalbibliothek verzeichnet diese Publikation in der Deutschen Nationalbibliografie; detaillierte bibliografische Daten sind im Internet über http://dnb.d-nb.de abrufbar.

Bild-, Grafik- und Quellennachweis: Ich danke dem Gobierno de Canarias, Instituto Geografico National (IGN), Instituto Volcanologico de Canarias (INVOLCAN), Instituto Espanol de Oceanografia (IEO), Actualidad Volcanica de Canarias (AVCAN), Movistar und den vielen nicht genannten Helfern.
Titelfotos: Gobierno de Canarias/INVOLCAN

Herstellung und Verlag: Books on Demand GmbH, Norderstedt

ISBN 978-3-8482-0058-0
Copyright © 2012 – Manfred Betzwieser
Alle Rechte vorbehalten

Dieses Buch darf auch nicht auszugsweise ohne die schriftliche Zustimmung des Autors kopiert werden. Urheberrechtsverletzungen werden verfolgt.
Haftungsausschluss: Die Inhalte dieser Publikation wurden sorgfältig recherchiert. Der Autor haftet nicht für Folgen von Irrtümern oder daraus entstehende Schäden.

Inhaltsverzeichnis

Der Autor..6
Zur Vorgeschichte..7
Die Vulkan Chronik..11
Ungewöhnliches im Untergrund...13
Alle Alarmglocken schrillen..27
    Trotz Druckanstieg kein explosiver Vulkan
    Das Vulkan Frühwarnsystem
Der Vulkan erwacht...51
    Die Vorhersage ist eingetroffen
Eldiscreto Meeresvulkan ausgebrochen..............................59
    Evakuierung von La Restinga läuft
    Angespannte Lage
    Lava kommt an die Meeresoberfläche
Die Geburt einer neuen Insel ?...89
    Riesige Gasblasen steigen auf
    Die grüne Brühe
Es wird ungemütlich..127
    Krisenmanagement
    Kraterdurchmesser von 120 m
Trügerische Ruhe..165
Jetzt wird es Ernst 185
    IGN korrigiert Beben auf ML4,3
Eldiscreto meldet sich zurück 195
    Serien Vulkanausbruch
    es kocht und brodelt
    Whirlpool im Süden
Die Eruption..215

Der Autor

Seit über 16 Jahren lebe und arbeite ich mit meiner Familie auf den Kanaren. Genau auf der nordwestlichen Insel La Palma. Nur 65 km entfernt zur kleinsten kanarischen Insel El Hierro. Als Naturliebhaber und aufmerksamer Beobachter analysiere ich seit vielen Jahren vor allem die Geschehnisse und die Entwicklung der Westinseln La Palma, La Gomera und El Hierro.

Etwas Menschenkenntnis, ein gesunder logischer Verstand, ein wenig Kombinationsgabe und meine Tätigkeit als Reiseleiter ermöglichen mir etwas tiefere Einblicke hinter die Kulissen der Einheimischen als auch der Gäste zu werfen. Daraus sind in meiner Eigenschaft als Autor in der Vergangenheit bereits mehrere Bücher entstanden. Das im Jahre 2010 erschienene Buch „Geheimnisvolles El Hierro" ISBN: 978-3-8391-8633-6 ist quasi die Grundlage für das jetzige Buch. Mein besonderes Interesse, meine Recherchen und meine Liebe zu El Hierro und der völlig überraschende Vulkanausbruch lieferten den Inhalt.

Danken möchte ich meiner Familie für ihr Verständnis, dem Gobierno Canarias, Cabildo El Hierro, IGN, Involcan, AVCAN und natürlich den vielen Kommentatoren und nicht genannten Helfern die mich über viele Monate mit Rat, Sachverstand und Fotos unterstützt haben.

Manfred Betzwieser   Brena Alta, im März 2012

Zur Vorgeschichte

Alle Kanarischen Inseln sind vulkanischen Ursprungs. Ohne Vulkanaktivität wäre heute an ihrer Stelle nur Meer – der Atlantische Ozean.
Die Bewohner der Kanaren sind sich dessen sehr wohl bewusst, dass ohne Vulkan und Vulkanaktivität ihre Heimatinseln nicht vorhanden wären. Selbst wenn vor Millionen von Jahren durch Vulkanausbrüche Inseln entstanden wären, hätte die Erosion von Wind, Regen und dem Meer diese Inseln längst abgetragen und im Atlantik wieder versinken lassen.
Ständiger Nachschub von Landmasse durch immer wieder neue Vulkanausbrüche war notwendig, um die Substanz zu erhalten. Es sind geologische Vorgänge die nicht innerhalb von kurzer Zeit, sondern in biblischen Größen über Tausende oder gar Millionen von Jahren erfolgen und auch erfolgten.
Im Schnitt rechnet man - und das ist eine alte Binsenweisheit der Canarios, dass alle 30 Jahre mit einem neuen Vulkanausbruch zu rechnen ist.

Die Inselgruppe befindet sich am Ostrand des sogenannten „Kanarischen Beckens" welches bis auf 6500 m abfällt. Entstanden sind die Kanaren durch einen Intraplatten Vulkanismus. Eine unter ihr liegende große Magmakammer, die durch einen „heißen Fleck" oder einen Hot Spot im oberen Erdmantel – ähnlich wie in Hawaii, die Inseln hervor brachte. In der geologischen Entstehungsgeschichte gelten die Kanarischen Inseln als jung.
Die älteste östlich angesiedelte Insel Fuerteventura entstand vor rund 22 Millionen Jahren. Die westlichen Inseln La Palma und El Hierro erst vor 1 bis 3 Millionen Jahre. Säuglinge in der geologischen Zeitrechnung.
Die Wissenschaft geht davon aus , dass die obere Erdkruste, die

Lithosphäre auf der die Kanarischen Inseln aufgebaut sind, langsam aber stetig Richtung Norden über diesen Hot Spot hinweggleitet. Dies lässt auch erklären, warum die jüngsten Ausbrüche immer im Süden des Archipel erfolgt sind. Der Vulkanausbruch des San Juan 1949 im südlichen Teil der Cumbre von La Palma, der Ausbruch des Teneguia 1971 an der Südspitze von La Palma und die jüngste Eruption des Eldiscreto südlich im Meer vor El Hierro.

Die letzten Jahrzehnte galt die Insel La Palma als die aktivste Vulkaninsel der Kanaren. 1949 und 1971 erfolgten hier die letzten Ausbrüche. Vulkanausbrüche die allesamt relativ friedlich verliefen und zwischen 3 Wochen und 3 Monaten andauerten. La Palma galt auch als möglicher Kandidat für den nächsten Ausbruch. Häufige kleine Erdbeben unter und um die Insel zogen auch die Konzentration der Wissenschaftler auf diese Insel. Bestückt mit Messgeräten wurde jede Veränderung, jedes Beben oder jeder vermehrter Gasausstoß genauestens registriert. Die Bewohner sind darauf vorbereitet und machen sich keine großen Gedanken über einen zukünftigen Ausbruch. Haben doch viele den Teneguia Ausbruch 1971 selbst miterlebt oder von ihren Eltern erzählen lassen. Angst oder ein ungutes Gefühl hat hier Keiner. Vielleicht ist den Bewohnern an La Palmas Südspitze um den Ort Fuencaliente etwas mulmig zumute, da ihre Häuser und ihr Besitztum doch mitten im möglicherweise zukünftigen Eruptionsgebiet liegen könnte. Meist überwiegt aber die Neugier und die Erinnerung an ein grandioses Schauspiel mehr. Selbst die Inselplaner und die Touristikindustrie hat sich nicht davon abhalten lassen, direkt in dieses Gebiet das größte Hotel La Palmas zu bauen. Direkt an der Küste unterhalb von Fuencaliente entstand in den letzten Jahren ein riesiger Hotelkomplex.
Jeder Logik zum Trotze zählt nur der schnelle wirtschaftliche Gewinn und zeigt die Ignoranz und Kurzsichtigkeit des Menschen. Jetzt verstehe ich auch, dass die Menschen am Ätna oder Vesuv trotz

schlimmster vergangener Katastrophen, immer wieder an den alten Ort zurück kehren und sich der absehbaren Gefahr erneut aussetzen.

Ich lebe ja selbst mit meiner Familie seit 16 Jahren auf diesem gefährdeten Inselchen La Palma und verspüre nicht die geringste Angst. Es muss sich dann wohl um eine grundsätzliche Fehlfunktion im Gehirn des Menschen handeln, diese unabwendbare Gefahr einfach auszublenden oder diesem Risiko einfach ins Auge zu schauen.

El Hierro als südwestlichste Insel war außen vor. Hier vermutete niemand den nächsten Vulkanausbruch. Wahrscheinlicher war da schon Teneriffa, wo sich vor 6 Jahren vermehrt Beben um den Teide ereignet hatten.
Auf El Hierro gab es auch schon schon lange keinen Vulkanausbruch mehr. In alten Aufzeichnungen finden sich Hinweise auf einen Ausbruch im Jahre 1738 auf der Südwestspitze der Insel und ein starkes Erdbeben um 1793 im El Golfo. Durch einen Brand am 21.7.1899 wurde das komplette Inselarchiv im Rathaus von Valverde vernichtet. Detaillierte Unterlagen oder Daten sind daher nicht mehr vorhanden.
Die letzten Jahrhunderte gab es also keine Anzeichen auf einen zukünftigen Vulkanausbruch. Während meiner Recherchen im Jahre 2010 zu meinem Buch „Geheimnisvolles El Hierro" konnte ich daher nicht auf alte Unterlagen zur vulkanischen Vergangenheit zurückgreifen. Erzählungen und die einzig vorhandenen steinernen Zeitzeugen und etwas Kombinationsgabe machten verständlich, dass in der Frühzeit viele Vulkane entstanden waren. Man spricht auch von der Insel der „Tausend Vulkane". Besonders beeindruckt haben mich die Überreste des alten Vulkan im El Golfo. Fels- und Bergabstürze vor ca. 120.000 Jahren haben nach jüngsten wissenschaftlichen Untersuchungen einen Tsunami ausgelöst, dessen Folgen noch in der gegenüber liegenden Karibik spürbar waren.

Schnell konnte ich mir ausmalen, dass die bis zu 1000 m hohen Golfo Kraterwände keine starke Erschütterung oder gar ein kräftiges Donnergrollen überstehen würden. Fast senkrechte Steilwände, die bereits bei starkem Regen wegen ihrer porösen Struktur, häufig zu Steinschlag und Erdrutsch neigten. Natürlich dachte ich damals noch nicht an ein Erdbeben oder einen Vulkanausbruch.
Während einer meiner Aufenthalte auf El Hierro wohnte ich direkt unter diesem Steilhang und wurde oft aufgeschreckt, wenn sich kleine Geröllawinen ohne sichtbaren Grund ins Tal ergossen. Zu jeder Tageszeit – auch in der Nacht. Aufgrund der Dunkelheit war dann nur ein Klirren oder leichtes Grollen zu hören. Doch wusste man genau, dass in der Nähe ein Geröllabgang im Gange war. Schnell gewöhnte man sich daran und hat den Vorgang als normal, natürlich und als ungefährlich eingestuft und kaum mehr zur Kenntnis genommen.
Das Golfotal wurde erst richtig vor 100 Jahren besiedelt und die Gemeinde La Frontera gegründet. Vorher gab es nur die kleine Siedlung „La Guinea", die heute ein interessantes Museumsdorf mit Felshöhlen ist.

Das Golfotal - eine gigantische einmalige Kulisse, die auf den Kanaren und in Europa und vielleicht sogar auf der ganzen Erde einzigartig sein dürfte. Natur pur, friedvoll und für den Betrachter faszinierend. Ein beeindruckendes und in Stein gehauenes Monument einer längst vergangenen Zeitepoche.
Die aber... auf den zweiten Blick und bei genauer Betrachtung auch so manche Gefahren birgt, besonders bei einem Naturereignis wie einem Erdbeben.
Das war auch der Grund, warum ich aufgrund meiner Sach- und Ortskenntnisse und mangels vernünftiger und zuverlässiger Informationsquellen beschloss, die nun kommenden Vorgänge zu protokollieren und über sie zu berichten.
Im Hintergrund stand und steht meine Liebe zur Insel El Hierro.

Die Vulkan Chronik

Als sich im Juli 2011 die Anzahl der Erdbeben unter El Hierro erhöhte, wurde die Wissenschaft hellhörig. Beben war man gewohnt und galten auch um die Insel El Hierro als normal. Doch es waren dieses Mal mehr Erdstöße – richtige kleine Schwarmbeben, die von der Bevölkerung noch nicht wahrgenommen wurden. Die Messgeräte des Instituto Geografico National (IGN) registrierten jedoch akribisch jeden einzelnen Erdstoß. Es wurden täglich mehr und mehr. Alle noch in großer Tiefe, aber die Häufung dieser Beben – bis Mitte August bis zu 250 Erdstöße an nur einem Tag, ließ doch auf etwas Größeres schließen. Die Möglichkeit eines Vulkanausbruch auf oder um El Hierro musste in Erwägung gezogen werden.

Inzwischen wurde auch die Presse und das Fernsehen auf die ungewöhnlichen Vorgänge aufmerksam und berichteten darüber. Noch zu frisch waren die dramatischen Ereignisse des Tsunami in Indonesien und besonders Fukushima in Japan in der Erinnerung. Tsunami Monsterwellen und verheerende Erdbeben wurden als Vergleich in die Schlagzeilen aufgenommen. Für den Leser war nicht zu unterscheiden und erst recht nicht einzuschätzen welche Ausmaße ein evtl. Vulkanausbruch auf den Kanaren für ihn bedeuten würde. Zumal die Kanarischen Inseln ein beliebtes Urlaubsziel vieler Nordeuropäer sind.
Die Mitteilungen der spanischen Behörden waren dürftig und versuchten Normalität zu suggerieren. Alles Normal – wir haben alles unter Kontrolle - und im Grunde ist es eigentlich schon alles wieder vorbei. Zudem waren die Bulletin nur in Spanisch abgefasst.

Über meine bereits bestehende El Hierro Webseite: www.elhierro-buch.de erreichten mich nun unzählige Mails die es zu beantworten galt. Der Ansturm war riesig und auf Dauer nicht zu schaffen.

Daher entschloss ich mich in Blogform über die aktuellen Vulkanaktivitäten auf meiner Nachbarinsel El Hierro zu berichten. Der Vulkan Blog: **Elhierro1.blogspot.com** war geboren.
Ich rechnete mit einigen hundert Besuchern täglich.
Dass es dann 5.000, ~ 10.000 und an besonders ereignisreichen Tagen fast 25.000 Seitenzugriffe an einem einzigen Tag waren, konnte ich mir zu diesem Zeitpunkt in meinen kühnsten Träumen nicht ausmalen.
Es war ein Naturereignis und ein Thema das anscheinend viele interessierte.
Nach wenigen Monaten wurde bereits die magische Schwelle von **1 Million Seitenbesucher** überschritten. Und ein Ende ist noch nicht absehbar.
Der Name **„Eldiscreto"** für den El Hierro Vulkan und heute die gängige Bezeichnung und Namensnennung in der Presse und TV für diesen Vulkan, war übrigens eine Wortschöpfung und Erfindung meiner Frau Marie und mir. Die Wissenschaftler nannten in kühl und mathematisch nur **„1803-02"**. Das klang uns doch zu einfach und anonym und zu erklärungsbedürftig.
Der Unnahbare, der Geheimnisvolle, der Unsichtbare, der Verborgene, der Zurückhaltende, der Diskrete – und die spanische Version „La Discreta" etwas umgewandelt El Discreto und als Eigennamen: **Eldiscreto** – und der Name war (er)gefunden.

Erleben Sie die dramatische und spannende Entstehung und Entwicklung des jüngsten Vulkan der Kanaren mit. Um Ihnen die Stimmung und die Befürchtungen auch authentisch zu vermitteln, habe ich ausschnittsweise Meinungen, Befürchtungen und Mitgefühl aus Kommentaren eingefügt.

Ungewöhnliches im Untergrund

Donnerstag, 25. August 2011
Weitere Erdstöße auf El Hierro
Auf der kleinen Nachbarinsel El Hierro werden seit dem 20.07.2011 vermehrt Erdbeben registriert. Täglich ereignen sich bis zu 170 Erdstöße im Bereich des Golfotales. Da es sich um schwache Beben bis zu 2,3 auf der Richterskala handelt, werden sie vom Menschen kaum wahrgenommen.
Ungewöhnlich sind leichte Beben auf den Kanaren nicht. Nur die Häufung der Stöße lässt die Geologen aufhorchen. Sie beobachten

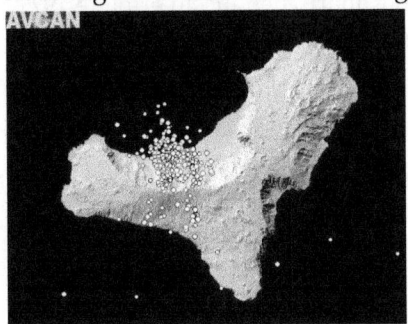

derzeit genau die weitere Entwicklung. Genau im jetzigen Golfotal auf der Nordwestseite von El Hierro hat sich vor ca. 120.000 Jahren ein gigantischer Bergrutsch ereignet, der die heutige Hufeisenform der Insel entstehen ließ. Die Tsunami Auswirkungen waren damals noch in der Karibik spürbar.
In meinem 2010 erschienen Buch "Geheimnisvolles El Hierro" bin ich ausführlich auf diese Katastrophe eingegangen.

Zentrum der Erdstöße im Golfotal

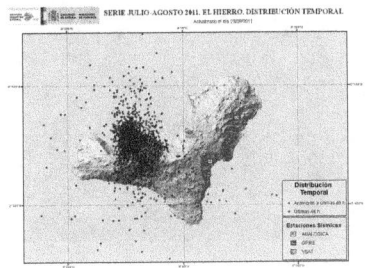

Aus der Grafik ist die Verteilung und Intensivität der Erdstöße in den vergangenen Wochen zu erkennen. Das Zentrum liegt im südlichen Golfotal, in der Nähe von Frontera bzw. Tigaday. Das war auch früher der Kratergrund des mächtigen Vulkan, der vor

120 000 Jahren spektakulär ins Meer abgerutscht ist. In der Vergangenheit gab es immer wieder leichte Erdstöße, die als normale Magmaverschiebungen im Untergrund zu werten sind. Die Intensität lag jedoch bei 20-30 Erdstöße pro Jahr. Jetzt liegt die Häufigkeit bei 200-300 Erdstößen pro Tag. Eine ungewöhnliche Entwicklung, die genauer Messung und Kontrolle bedarf.
Erst in den letzten Wochen wurden zusätzliche Seismographen und Messeinrichtungen installiert. Vielleicht sind durch das Fehlen dieser Gerätschaften in der Vergangenheit, so manche Erdstöße unentdeckt geblieben.

Der letzte Vulkanausbruch auf den Kanarischen Inseln erfolgte 1971 an der Südspitze der Insel La Palma. Fast 3 Wochen spuckte der Teneguia Lava und Asche aus.

Freitag, 26. August 2011
El Hierro - der eingestürzte Riesenvulkan

Das Golfotal, oder El Golfo wie es hier genannt wird, liegt im Nordwesten von El Hierro. Es stellt einen Halbkrater mit bis zu 1000 m fast senkrecht aufragenden Felswänden dar. Es gilt als die schönste Landschaft der Insel. Die Hauptgemeinde im Zentrum heißt La Frontera.
Auf dem Foto, das ich vom Mirador La Pena aufgenommen habe, blicken wir auf den ehemaligen Kratergrund des alten Vulkan "El Hierro". Links im Bild sind die östlichen Kraterwände zu sehen. Die komplette Westflanke Richtung Meer ist vor 120.000 Jahren abgebrochen und ins Meer gestürzt.

Hier stehen wir auf dem Grund des Kraters, unter dem es zur Zeit brodelt. Der Kraterkessel ist seit einigen hundert Jahren besiedelt. Hier leben ca. 3000 Menschen in mehreren Gemeinden . Früher galt diese Gegend aufgrund der vielen Lavabrocken als unfruchtbar.
Um 1960 wurde Mutterboden aufgefüllt und es entwickelte sich eine blühende Landwirtschaft. Angebaut werden Bananen, Ananas und andere tropische Nutzpflanzen. Auch von dem auf El Hierro noch unbedeutenden Tourismus wird das Golfotal genutzt.

Neueste Messungen: Vulkanboden dehnt sich aus

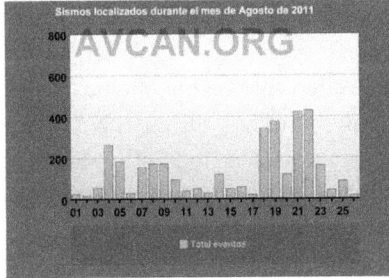

Nach seinem bisherigen Höchststand am 21. und 22.8.2011 hat der Erdbebenschwarm abgenommen. Mit über 400 kleinen Erdstößen am Tage, die alle unter 2,0 der Richterskala lagen, ist etwas Ruhe

eingekehrt. Das hat jedoch nicht zu bedeuten, dass damit die Aktivitäten beendet sind. Wie aus der Grafik gut zu erkennen, folgt nach einer Ruhephase wieder ein Schwall von Beben. Bisher immer mit heftigerer Tendenz.
Wesentlich beunruhigender sind Verformungen des Kraterbodens. Wie jüngste GPS-Vermessungen des Gebietes ergaben, hat sich der Kraterboden um bis zu 1 cm angehoben. Diese Deformation, auch Inflation genannt entsteht, wenn der Untergrund Druck aufbaut. Das könnte bedeuten, dass Magma in den Vulkanschlot aufsteigt. Auch sind leicht erhöhte Kohlendioxid Werte und höhere Temperaturen an der Oberfläche gemessen worden.

Samstag, 27. August 2011
Noch steht für El Hierro die Vulkanampel auf "Grün"

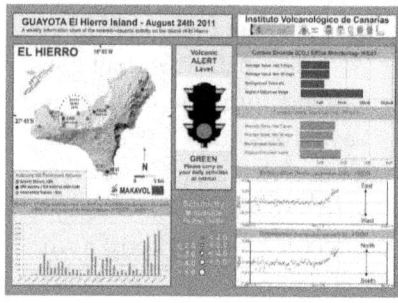

Das ist das offizielle Datenblatt des Instituto Vulcanologico de Canarias zu den Erdbebenaktivitäten der letzten Tage auf El Hierro.
Links eingekreist das Zentrum der Erdstöße, darunter grün die Häufigkeit. Rechts oben die gemessene Gaskonzentration, rot darunter der Temperaturverlauf. In der Mitte die Ampel, die für die Bevölkerung die Gefahrenstufe anzeigt. Noch ist alles im grünen Bereich.
Das eigentlich beunruhigende ist die Wellenlinie rechts, die das Anwachsen des Kraterbodens zeigt. Sowohl in S/N als auch N/O Richtung hat sich das Gelände verändert, was auf einen erhöhten Druckanstieg und das Anwachsen der Magmamasse im Untergrund hinweisen kann.
Das Vulcanologico de Canarias ist eine 2010 in Puerto de La Cruz auf

Teneriffa gegründete Organisation, zur Erforschung von Vulkanen der Kanarischen Inseln.

Montag, 29. August 2011
Vulkankrater live auf der Webcam

Es gibt auf El Hierro eine Webcam, die auf das Golfotal ausgerichtet ist. Genau auf den Bereich unter dem sich die Erdstöße ereignen. Es ist das Kratergebiet des alten, nun wieder erwachten Vulkan "El Hierro".

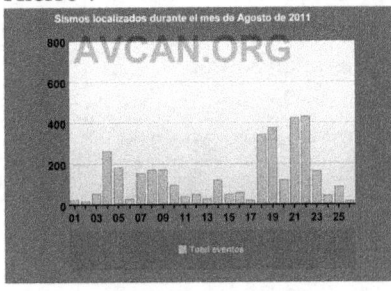

Zur aktuellen Lage:
Die Erdstöße haben an Häufigkeit nachgelassen. Gestern waren es noch 97 leichte Erdbeben. Wenn Sie die Grafik betrachten, gab es auch immer in der Vergangenheit ein stetiges auf und ab.
Es bleibt also abzuwarten was die kommenden Tage bringen.

Dienstag, 30. August 2011
Vulkanwarnstufe auf Voralarm angehoben

Die Warnstufe wurde von der Kanarischen Regierung am 28.8.2011 aufgrund der verstärkten Vulkanaktivitäten von Estabilidad auf Prealerta (Voralarm) angehoben. Alles liegt aber noch im grünen Bereich und wird nach der Gefahrenklassifizierung als "Normal" angesehen.

Die Gefahreneinstufung erfolgt nach der Tabelle und ist farbig wie eine Verkehrsampel aufgebaut. Von Normal (grün), über zu erwartenden Notfall (gelb) bis zu rot (Notfall).

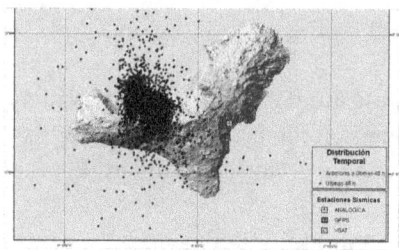

Alle als Punkt markierte Beben haben sich innerhalb der letzten Wochen schwerpunktmäßig auf den südwestlichen Teil des Golfotales konzentriert. Nur wenige Erdstöße konnten im Atlantik gemessen werden. Das Zentrum liegt genau im Mittelpunkt des alten Kraters.
Früher Beben - das ist aus dieser Grafik der letzten 10 Jahre zu entnehmen hatten ihr Zentrum meist im östlichen Atlantik.

Freitag, 2. September 2011
Diebstahl von Vulkan- Überwachungsanlage

Es grenzt schon an Dummheit, - oder besser an vorsätzliche und bewusste kriminelle Energie, eine Überwachungsanlage zur Messung der Vulkanaktivität abzubauen und zu stehlen. Steht diese Anlage doch nicht zum Selbstzweck, sondern zum Schutze der Bevölkerung und der rechtzeitigen Warnung vor einem Vulkanausbruch, an der exponierten Stelle.
Geschehen ist dies nicht auf El Hierro sondern auf der Nachbarinsel La Palma. Auch dort gibt es aktive Vulkane die ständig überwacht werden müssen.
Gestohlen wurde das 35 000.- € teure Überwachungsgerät auf dem Pico Birigoyo im Cumbre Vieja Gebiet. Es misst diffuse Emissionen von Kohlendioxid, die ständig aus der Vulkan Oberfläche austreten und ein wichtiger Parameter für die Frühwarnung der Einwohner darstellen.
Das zuständige Technologische Institut IGN appelliert an den Täter,

das entwendete Gerät umgehend zurück zu geben, da es für ihn keinen großen Nutzen darstellt. Vielleicht möchte der Dieb in seinem Vorgarten eine eigene Vulkan Frühwarn-Anlage errichten. Dies würde jedoch nicht lange unentdeckt bleiben. Eine psychiatrische Untersuchung des Täters wäre sicher dann auch angebracht.

Samstag, 3. September 2011
Hotspot Vulkanismus auf El Hierro

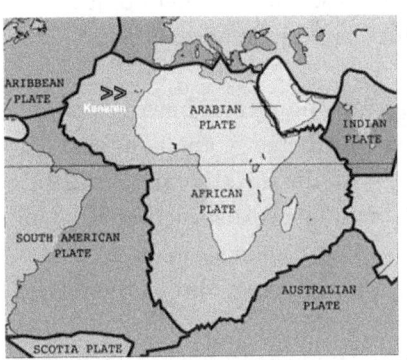

Es gibt verschiedene Arten von Vulkanismus. Anders als der Platten-Vulkanismus der an den Bruchkanten der Kontinental Platten auftritt, haben wir auf den Kanaren den Intraplatten Vulkanismus, die sogenannten Hotspot. Auf der Grafik ist zu erkennen, dass die nächste Plattengrenze weit draußen im Atlantik liegt und für unseren Vulkanismus nicht ursächlich sein kann.

Was verursacht dann den Vulkanismus auf den Kanaren?
Am Beispiel der Hawaii-Inselkette möchte ich das kurz erklären.

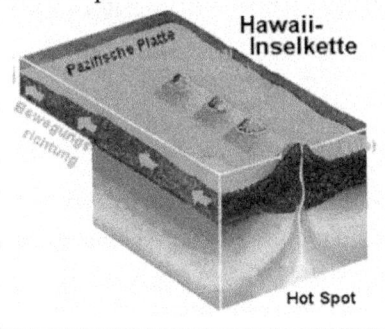

Die Vulkanaktivität scheint mit einem unter der Platte liegenden stationären Schmelzherd verbunden zu sein, da das Alter der Vulkane in der Kette mit der Entfernung zum aktiven Vulkan zunimmt. Typisch für solche Aktivitäten ist eine Kette von Vulkanen. Genau das finden wir auf den

Kanarischen Inseln. Die Kette verläuft auf den Kanaren von Ost nach West. Die ältesten Vulkaninseln sind Fuerteventura, Lanzarote mit ca. 20-30 Millionen Jahren und die jüngsten die Westinseln La Palma, La Gomera und eben El Hierro mit 1-6 Millionen Jahren. Die letzten Vulkanausbrüche hatten wir 1949 mit dem San Juan und 1971 mit dem Teneguia, beide auf La Palma.

Hotspot-Vulkane zeigen meist eine ruhige Eruptionsart. Grund für das ruhige Verhalten ist, dass die Lavamasse relativ wasserarm und dünnflüssig ist. Statt zu explodieren, fliesen sie schnell und über weite Strecken. Dies konnte man auch auf La Palma 1949 und 1971 beobachten.

Wenn sich nun diese Magmamassen im Untergrund bewegen oder neuen Raum suchen, entstehen kleine Erdbeben. Genau das passiert im Moment unter El Hierro. Solange sich diese Aktivitäten in 10-12 km Tiefe abspielen, besteht keine Gefahr eines Ausbruchs. Erst wenn sich die Erdstöße der Erdoberfläche nähern, zeigt es an, dass wahrscheinlich Gänge oder Schlote mit Magma gefüllt werden. Hier ist dann besondere Beobachtung notwendig.

Die letzten vier Tage gab es um die 200 neue Erdstöße pro Tag unter dem Golfotal. Alle relativ schwach und um die 2,0 auf der Richterskala und in 10-12 km Tiefe. Im Grunde nicht beunruhigend - nur die Zeitdauer (seit Mitte Juli) und die Anzahl der Beben (bis zu 400 am Tage) ist **nicht** normal und weicht von den Erfahrungswerten der früheren Aufzeichnungen ab.

Mittwoch, 7. September 2011
Erdstöße jetzt unter El Hierro

Das Zentrum der Erdstöße unter El Hierro verlagert sich in den letzten Tagen ins Inselinnern. Die rot gekennzeichneten Stellen geben die Ausgangspunkte der Bewegung in den letzten 2 Tagen an. Das ist aber völlig normal, da der Magmakessel unter El Hierro großräumig zu sehen ist und Magmaverschiebungen und damit entstandene

Hohlräume an anderer Stelle ausgeglichen werden.

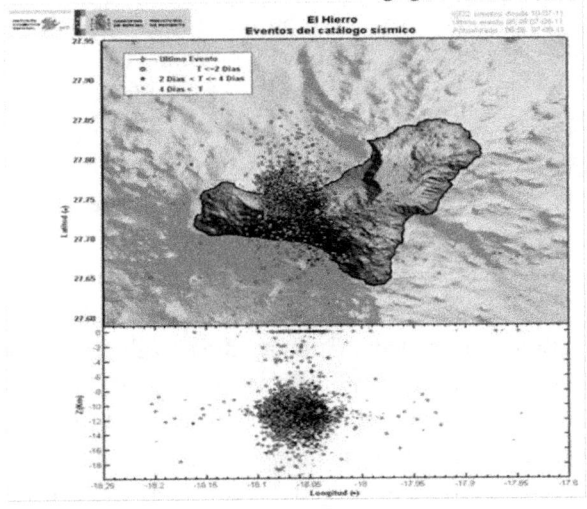

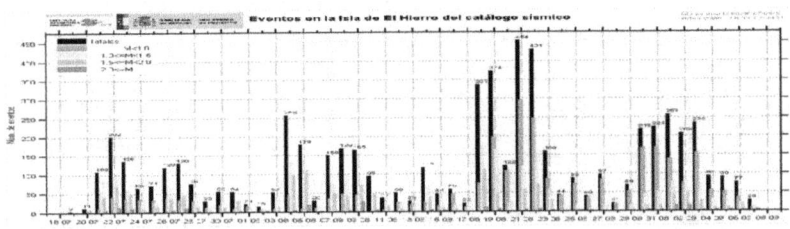

Wie die Grafik des Instituto Geografico National (IGN) zeigt, hat die Erdbebenhäufigkeit etwas nachgelassen. Diese Zyklen sind während des gesamten bisherigen Verlaufs der Aktivität zu beobachten. Die Tabelle umfasst den gesamten Zeitraum vom 19.7.2011 bis heute.

Montag, 12. September 2011
Was spuckt uns der Vulkan aus ?

Interessant zu beobachten ist der Gesteinsaufbau der westlichen Kanaren Inseln. Wie hier auf den Fotos, von mir gestern bei

Barlovento auf La Palma geschossen.

Durch Straßenarbeiten werden zur Zeit im Norden von La Palma vulkanische Strukturen der Entstehungsgeschichte freigelegt. Es handelt sich um die nördliche Außenwand der Caldera de Taburiente. Ein alter Vulkan, - wahrscheinlich der erste der zur Entstehung La Palmas vor 1-2 Millionen Jahre beitrug. Gut sind die einzelnen Lavaschichten zu erkennen, die von unterschiedlichen Ausbrüchen stammen. Verblüffend die krassen Farbunterschiede, die von rot über hellgrau in tiefes schwarz wechseln. Das ganze sieht wie ein Kohlenfloß mit Hohlräumen und Höhlen aus. Wahrscheinlich ein Lavakanal, der auch für die Entstehung der vielen anderen Lavahöhlen auf La Palma ursächlich ist.

Aber nicht nur horizontale Lavaschichten, sondern auch vertikale Kanäle werden sichtbar. Die rötliche Einlagerung zeugt von großem Eisenanteil im Lavagestein. Gelbes, also schwefelhaltiges Gestein, ist im Norden nur wenig zu finden.

Ähnlich dürfte es im Golfotal auf El Hierro aussehen. Hier ist allerdings durch Erdrutsche und Verwitterungsprozesse im Laufe der Jahrtausende, die eigentliche Grundstruktur nicht mehr so zu erkennen.

Dienstag, 13. September 2011
Der imposante Vulkankrater

Der Halbkrater im Golfotal, unter dem sich zur Zeit die Erdstöße ereignen, ist ein beeindruckendes Gebiet. Steil aufragende Felswände an der Ostseite, eine fruchtbare Kraterebene und die offene Meeresflanke im Westen. Dieser Bereich ist vor ca. 120.000 Jahren in das Meer abgerutscht und hat seine Tsunami - Auswirkungen bis in die 6000 km entfernte Karibik entfaltet. Einige Fotos von meinen Aufenthalten zeigen diesen interessanten Krater.

Sicht von Frontera

Ansicht von Süden

Blick über das Meeresschwimmbad

Gesamtübersicht von der südlichen Cumbre

Donnerstag, 15. September 2011
Weniger Erdstöße in den letzten Tagen

In den letzten Tagen hat die Häufigkeit der Erdstöße auf El Hierro merklich nachgelassen.

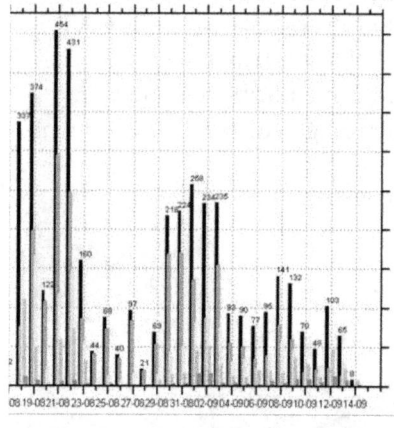

Wie die Grafik zeigt, lag der Höhepunkt der Aktivitäten um den 22.August 2011 bei 454 Erdstößen. Gestern verzeichneten die Messgeräte nur noch 8 Vorfälle. Ob es sich nur um den normalen Zyklus des ständigen Auf und Ab, oder um ein beständiges Abklingen der Magmaverschiebung im Untergrund handelt, werden die nächsten Tage zeigen.

Montag, 19. September 2011
Presse: Spiegel berichtet "Unter Kanareninsel El Hierro steigt Magma auf"

Beben auf El Hierro
Unter Kanareninsel steigt Magma auf.
Jetzt berichtet auch die internationale Presse über die Ereignisse unter El Hierro. In den vergangenen Wochen mit der bisher höchsten Aktivität fand dieses Thema in den Medien kaum Resonanz. Jetzt beim vermutlichen Abklingen der Bebenaktivität, ist auch das Nachrichtenmagazin Spiegel aufgewacht und berichtet. Diesen Artikel möchte ich Ihnen nicht vorenthalten:

Seit Wochen lassen leichte Erdbeben die Kanareninsel El Hierro

zittern. Zudem hebt sich der Boden, und Gase strömen aus. Wissenschaftler glauben, dass Magma aufsteigt - aber eine Katastrophe halten sie für unwahrscheinlich. Dennoch wollen sie Tsunamis nicht ganz ausschließen.
Täglich lassen schwache Erdbeben die Region El Golfo im Nordwesten von El Hierro nahezu unmerklich zittern. Am Mittag des 16. Juli hatte das Tremolo begonnen, seither kommt die Insel nicht zur Ruhe, es gab mehr als 7500 leichte Beben; die meisten waren schwächer als Stärke drei. Am 22. und 29. Juli trat die kanarische Regierungskommission für Vulkanbeobachtung zusammen - und gab Entwarnung.
Nein, akute Gefahr bestehe nicht auf der Kanareninsel El Hierro, beruhigen Vulkanologen. Erdbeben seien ein normales Lebenszeichen einer Vulkaninsel. Die sogenannte Warnampel auf El Hierro bleibt auf Grün, was "keine Gefahr" bedeutet. Und doch: Wissenschaftler glauben, dass unter der Insel Magma aufsteigt. Die meisten Eruptionen auf den Kanaren verlaufen glimpflich. Doch letztlich kann niemand vorhersagen, was passieren wird.

Mittlerweile sind es nicht mehr nur Erdbeben, die Sorgen bereiten: Der Inselboden hat sich im Nordwesten um knapp drei Millimeter gehoben - und er wird wärmer. Zudem fächert der Vulkan durch Erdspalten vermehrt Kohlendioxid nach oben. Vermutlich steige Magma auf, folgert der Vulkanologe Erik Klemetti von der Denison University in Granville, USA (Bundesstaat Ohio). Ein Ausbruch könnte "vielleicht" bevorstehen. Allerdings enden nervöse Vulkanphasen wie diese oft auch damit, dass das Magma stecken bleibt ... so Spiegel.de

Mittwoch, 21. September 2011
Erdbeben auf El Hierro nehmen wieder zu

Die Erdbeben auf El Hierro nehmen seit Dienstag wieder zu. Nach

Tagen relativer Ruhe erfolgten gestern 185 registrierte Erdstöße.

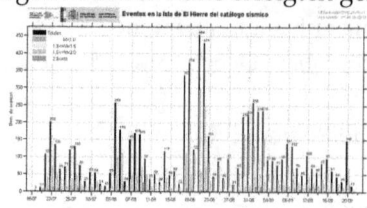

Auch die Stärke nach der Richterskala bewegt sich nach oben. 32 Beben hatten eine Stärke von mehr als 2,0 auf der nach oben offenen Richterskala. Erstmals wurden in den vergangenen Tagen im Gebiet um den Ort El Pinar einige Beben bewusst von den Einwohnern wahrgenommen. Insgesamt sind die Erdstöße jedoch so gering, dass sie vielleicht von Tieren, aber kaum von Menschen gespürt werden können.

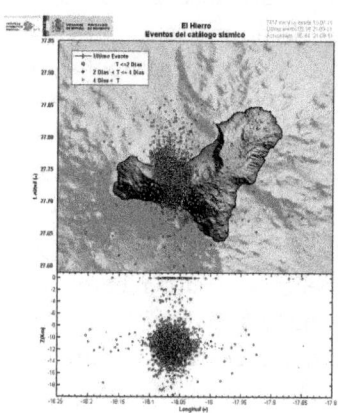

Das Zentrum verlagert sich dabei immer mehr nach Süden in den Bereich um El Julan und Mar de las Calmas. Dieses Gebiet ist kaum besiedelt und von Steilküsten geprägt. Dort befinden sich die prähistorischen Felszeichnungen "Leteros del Julan". Das sind frühgeschichtliche Felsritzungen der Ureinwohner.

Wie lässt sich nun die Wanderung der aktiven Zone erklären. Unter El Hierro befindet sich eine große Magmakammer. Wenn nun durch unterirdische Gesteinsverschiebungen neue Risse und Spalten entstehen, läuft Magma nach um die entstandenen Hohlräume auszufüllen. An anderer Stelle entsteht so wiederum Hohlraum. Dieses Vakuum füllt sich auf und verursacht die Erdstöße. In dieser Situation ein ganz normaler Vorgang.

Alle Alarmglocken schrillen

Samstag, 24. September 2011
Höhere Vulkan Alarmstufe auf El Hierro
Heute wurde vom Gobierno de Canarias (Kanarischen Regierung) die Warnstufe auf "Gelb" für die Insel El Hierro angehoben.
Aufgrund der vielen Erdstöße über einen längeren Zeitraum, die auch in den letzten Tagen stärker wurden, besteht die Möglichkeit eines baldigen Vulkanausbruchs.

Die Katastrophenampel entspricht in etwa der Bedeutung einer Verkehrsampel und geht von grün, über gelb bis rot. Bei "Gelb" wird die Bevölkerung in die Vorbereitungsmaßnahmen für einen evtl. Ernstfall mit einbezogen und umfassend informiert. Es werden Evakuierungsmaßnahmen, mögliche Aufenthaltsorte, Verhaltensregeln und Einsatzpläne veröffentlicht. Die Rettungs- und Ordnungskräfte werden in Bereitschaft versetzt. Zu diesem Zweck wurde eine eigene Web-Seite eingerichtet.
Das Instituto Geografico National (IGN) schätzt zur Zeit die Möglichkeit eines Ausbruchs auf ca. 10% ein.
Diese Maßnahme war eigentlich schon längst überfällig, da sich die Erdbebenaktivität der letzten zwei Monate weit vom normalen Bebenverlauf das man auf den Kanarischen Inseln gewohnt ist, entfernt hatte. Insgesamt wurden seit Juli mehr als 7.000 Erdstöße registriert.

Sonntag, 25. September 2011
El Hierro - bisher stärkstes Beben mit 3,4 auf der Richterskala
Gestern Abend haben sich die bisher schwersten Erdbeben mit einer Stärke von 3,4 und 3,2 auf der Richterskala in der Zone El Julan auf

El Hierro ereignet. Die Erdstöße erfolgten um 21.24 Uhr und das zweite um 23.52 Uhr in einer Tiefe von 14,5 km. Diese Bebenstärke wurde von vielen Bewohnern wahrgenommen.
Auch heute wieder ereigneten sich eine Reihe von Erdstößen, wobei bisher keines unter 1,0 auf der Richterskala lag.
Zur Beruhigung der Bevölkerung wurde eiligst am Sonntagmorgen eine Pressekonferenz einberufen, wo der Inselpräsident Alpidio Armas und die zuständige Ministerien für Seguridad y Emergencias Maria del Carmen Morales die Fakten erläuterten und zur Besonnenheit aufriefen.

Persönliche Vorbereitungen auf den Notfall

Die Warnstufe "Gelb" bedeutet natürlich für die Bevölkerung von El Hierro auch persönlich entsprechende Vorbereitungen für den Notfall zu treffen. Nach dem Alarmplan empfiehlt die Kanarische Regierung folgende Verhaltensregeln:

- Hören Sie Radio oder schauen Sie Fernsehen und achten auf die offizielle Berichterstattung über die vulkanischen Tätigkeit und ihre Entwicklung. Es ist zweckmäßig, ein batteriebetriebenes Radio zu haben.
- Immer genügend Trinkwasser zu Hause bereitstellen, einen Verbandskasten, notwendige Medikamente die Sie und ihre Familie brauchen, eine Taschenlampe und genügend Batterien besorgen.
- Verwenden Sie die Rufnummer 1-1-2 nur im Notfall.
- Für weitere Fragen rufen Sie die Telefonnummer 012 an.
- Alle wichtigen persönlichen und offiziellen Dokumente und Urkunden zusammenpacken und in einer leicht tragbaren Tasche aufbewahren, die im Notfall schnell mitgenommen werden kann.
- Weiter ein kleiner Koffer mit wichtigen persönlichen Dingen, wie ein ein Paar Schuhe, eine Zahnbürste und andere Hygieneartikel,eine kleine Decke, ein Handtuch oder das Ladegerät für ihr Handy.

Montag, 26. September 2011
Trotz Druckanstieg kein explosiver Vulkan

Bisher gab es heute 119 Erdstöße mit bis zu 2,5 Magnituden auf der Richter Skala. Alle Beben entstanden in einer Tiefe von 10 - 14 km. Nur um 8.05 Uhr wurde ein schwaches Beben von ML1,10 in 6 km Tiefe gemessen. Das könnte darauf hin deuten, dass sich Magmakanäle einen Weg an die Oberfläche suchen.
Aus der Geschichte wissen wir allerdings, dass es auf den Kanaren noch nie einen explosiven Vulkanausbruch gegeben hat. Dafür ist einfach der Deckel - also das Gestein über der Magmakammer, zu porös und durchlässig. Darüber sind sich alle Wissenschaftler einig. Selbst der letzte Vulkanausbruch, des Vulkan Teneguia bei mir vor der Haustüre auf La Palma, verlief 1971 weitgehend friedlich.

Dienstag, 27. September 2011
Wie werden die Erdbeben auf El Hierro gemessen?

Jeder Vulkanausbruch kündigt sich zunächst einmal an. Meist sind es Erdbeben, die aus den unterirdischen Magmakammern kommen. Diese Kammern liegen unter El Hierro in einer Tiefe von 9 - 15 km. Beim Aufsteigen der heißen Dämpfe und der flüssigen Magma werden Steine und Felsplatten beiseite geschoben oder gesprengt. Die Magma muss sich unter dem enormen Druck Platz verschaffen. Dies sind die momentan messbaren Erdstöße, die auch sogenannte Schwarmbeben, also viele kleine Beben, auslösen. Mit einem Seismographen lassen sich selbst kleinste Beben registrieren, messen, lokalisieren und aufzeigen.

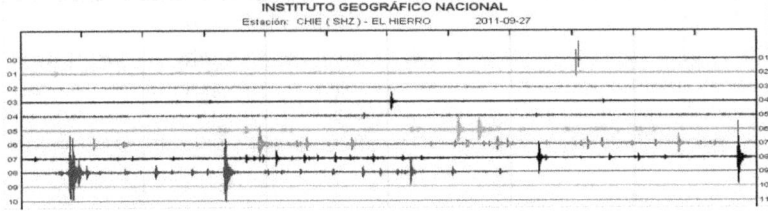

Jeder kennt diese Zitterlinien, die die Stärke, die Zeit und die Dauer eines Erdbeben aufzeigen. Mit den modernen Breitbandseismometer lassen sich in einem weiten Frequenzbereich Erschütterungen, die ein Mensch nicht wahrnehmen kann, aufspüren.
Den Tieren sagt man ja nach, dass sie Veränderungen und Bewegungen früher empfinden und mit Unruhe darauf reagieren. Vielleicht sollte man die nächste Zeit verstärkt auf seine Haustiere oder die Ziegen im Vorgarten achten.
Die seismische Bebengrafik, stammt übrigens von heute Vormittag, aufgezeichnet auf der Hochebene von El Hierro.
Es gibt noch ein weiteres Anzeichen für einen Vulkanausbruch. Wenn Magma aufsteigt und sich im Inneren des Vulkans sammelt, schwillt er allmählich an. Die Oberfläche des Vulkans dehnt sich und es können Risse entstehen. Die Forscher können diese Veränderungen messen. Dazu verwenden die Wissenschaftler das Satellitensystem GPS.
Dazu werde ich die nächsten Tage noch etwas schreiben.

Mittwoch, 28. September 2011
Auf El Hierro wird es langsam ungemütlich

Die Anzahl und Stärke der Beben unter El Hierro hat seit gestern kräftig zugenommen. Der stärkste Erdstoß erfolgte gestern mit 3,8 auf der Richterskala. Aber auch heute morgen um 5.00 Uhr erreichte ein Beben die Stärke 3,3.

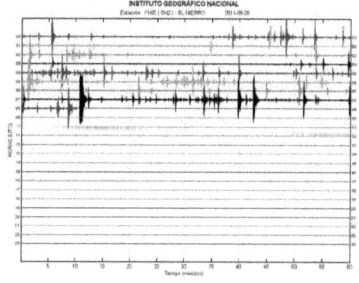

Auch um 7.00 Uhr heute Morgen (das ist die schwarze Linie oben) gab es starke Ausschläge. Die Stärke ist mir noch nicht bekannt.

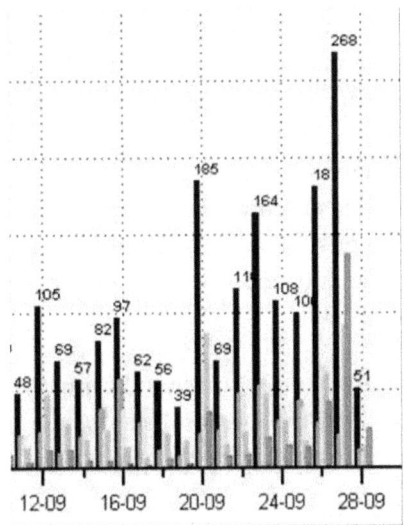

Auf dieser Grafik gibt die dunkle Linie die Gesamterdstöße vom 27.9. mit 268 an. Die rote Linie kennzeichnet Beben mit mehr als 2,0 Stärke. Gut zu erkennen ist, dass die Magnituden (rot) gegenüber dem Vortag stark zugenommen haben. Nach der Richterskala bedeutet die Zunahme von z.B. 2,0 auf 3,0 eine Verstärkung um den Faktor 10 und eine Erhöhung der Energie auf etwa das 30fache. Das ist auch gut auf der Energiekurve zu erkennen, die die inzwischen an gespeicherte Energie, also den Druckanstieg, zeigt. Sie steigt fast senkrecht in die Höhe.

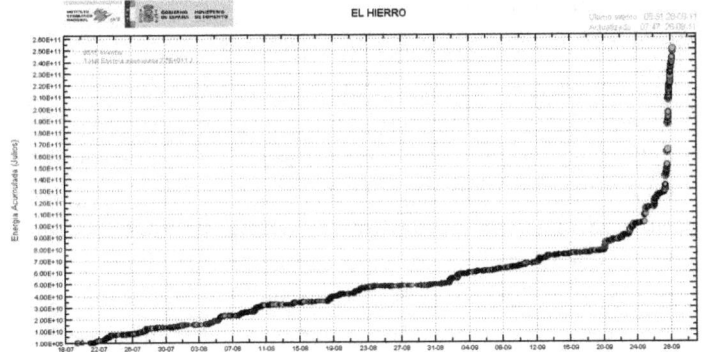

Das Zentrum der Erdstöße hat sich in den vergangenen Tagen auf die Südseite der Insel verlagert. Es liegt nun etwas vor der Küste im Atlantik. Wie ich aber bereits geschrieben habe, hat dies bei einem evtl. Vulkanausbruch nichts zu bedeuten. Die Magmakammer liegt

unter der Insel und reicht über den Golfokrater auf der
Nordwestseite hinaus. Wo sich das Magma seinen Weg nach oben
sucht, wird man schließlich erst in wenigen Tagen, wenn überhaupt
bestimmen können. Das Magma steigt auf und ist bereits bis auf 4
km an die Erdoberfläche heran gekommen. Nun gibt es zwei
Möglichkeiten: Entweder die Aktivitäten erlahmen und kommen
zum Stillstand oder der Vulkan bricht aus. Dann aber hoffentlich vor
der Küste im Meer und wir können die Entstehung einer neuen Insel
beobachten. Also abwarten und Tee trinken.

**Inzwischen wurden mehr als 50 Bewohner der Ortschaft Frontera
evakuiert, weil infolge der Erdstöße der Absturz von Felsbrocken
droht. Auch das spanische Militär schickte eine Spezialeinheit auf
die Insel.**
Wie das Madrider Verteidigungsministerium am Mittwoch mitteilte,
sollen die Soldaten bei weiteren Evakuierungsaktionen helfen, falls
diese notwendig würden.

Donnerstag, 29. September 2011
Das Vulkan Frühwarnsystem von El Hierro

Die Vorwarnung auf El Hierro, und nicht nur hier sondern auch auf
den anderen Kanarischen Inseln, ist vorbildlich. Sitzen wir doch alle
gemeinsam auf einem Vulkan.
Damit eine richtige und rechtzeitige Vorwarnung erfolgen kann,
müssen entsprechende Meßstellen eingerichtet sein. Sie alle erinnern
sich sicher noch an den für viele überraschend kommenden Tsunami
in Indonesien mit seinen gravierenden Folgen. Hier möchte ich an
meinem Bericht über die Messung mit Seismographen anschließen.

Die Insel El Hierro ist mit einem Netz von unterschiedlichsten
Messgeräten bestückt. Jeder Punkt auf der Grafik zeigt eine
Meßstellen. Es sind Seismographen und GPS-Messpunkte.

Wenn Magma aufsteigt und sich im Inneren des Vulkans sammelt, schwillt er allmählich an. Die Oberfläche des Vulkans dehnt sich aus und es entstehen Erhebungen oder Ausdehnungen. Die Forscher können diese Veränderungen messen. Dazu verwenden sie das Satellitensystem GPS. Die Abkürzung GPS steht für „global positioning system", deutsch: globales Positions-Bestimmungssystem. Es wurde in den 1980er-Jahren vom US-amerikanischen Verteidigungsministerium zur weltweiten Positionsbestimmung und Zeitmessung entwickelt. Jeder kennt Navigationsgeräte, Mobilfunknetze oder LKW-Maut – ohne diese moderne Satellitentechnik funktioniert heute kaum noch etwas. Seine Grundlage bildet ein System aus Satelliten, die die Erde in einer Höhe von circa 20.000 Kilometern umkreisen. Von jedem Punkt unseres Planeten und zu jedem beliebigen Zeitpunkt sind die Signale von mindestens vier GPS-Satelliten zu empfangen. Jeder Satellit strahlt charakteristische Funksignale ab, die auch ein äußerst genaues Zeitsignal enthalten. Der Empfänger auf der Erde vergleicht die Signale der Satelliten und berechnet daraus seine Position auf der Erdoberfläche. Veränderungen in den Werten sagen den Wissenschaftlern, ob sich ein Vulkan hebt und aufwölbt.

Auf dem Foto haben wir eine solche Station von El Hierro. Unauffällige Erdbunker die autark, mit eigener Solar Energieversorgung, diese Messungen vornehmen. Die Daten werden an eine zentrale Stelle des Instituto Geografico National

weitergeleitet und dort ausgewertet.
Diese Stationen haben nun gemeldet, dass sich der Boden unter El Hierro aufwölbt - und zwar bisher um 35 mm. Noch wenig, aber eine Blasenbildung ist schon vorhanden. Bei anderen Vulkanen können diese Erhebungen 2-3 m ausmachen. Ein undrückliches Zeichen, dass der Magmadruck im Untergrund anwächst und ein Platzen der Erdkruste, also ein Vulkanausbruch, bevorsteht.

Diese Daten werden weltweit gesammelt und im GEOFON Global Seismic Monitor automatisch dargestellt. Hier taucht auch El Hierro auf.

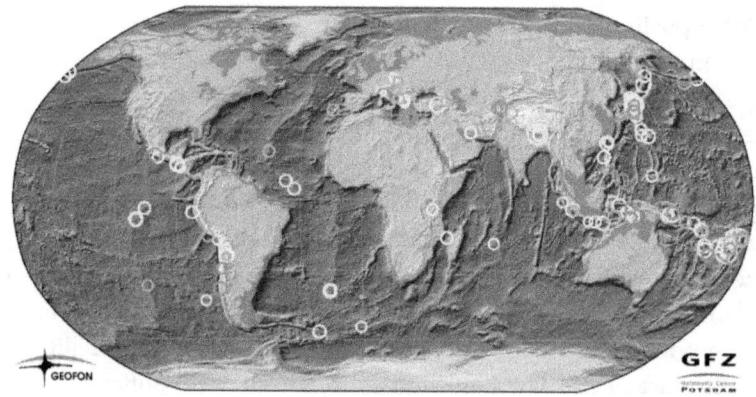

Nun gibt es noch eine dritte Methode Vulkanausbrüche vorzeitig zu erkennen - das ist die Messung der Gaszusammensetzung mit dem Gasspektrometer. Dazu in den nächsten Tagen mehr.

El Hierro: Die Katastrophen Vorbereitung läuft an
Die Erdbebenaktivität hält weiter unvermindert an. Gestern gab es 147 Erdstöße, davon über 100 mit einer Magnitude von über 2,0. Das stärkste Beben ereignete sich heute Nacht um 0.35 Uhr mit 3,5 auf der Richterskala.
Wie der Generaldirektor de Seguridad y Emergencias (für Sicherheit

u. Notfälle) Juan Manuel Santana gestern mitteilte, war an die Evakuierung von 300 Personen in Erdrutsch und Steinschlag gefährdeten Gebieten gedacht worden. Es sind Häuser die sich direkt unterhalb der Abbruchkante des El Golfokraters befinden. Betroffen sind Familien in Las Puntas, Guinea, Frontera, Sabinosa und dem am Meer liegenden Pozo de la Salud.
Tatsächlich evakuiert wurden aber nach nochmaliger Überprüfung nur 57 Personen, die meist bei Verwandten an sicheren Orten unterkamen. 15 Evakuierte wurden in einer Schule in Valverde untergebracht.
Geschlossen wurden auch alle Schulen in den gefährdeten Gebieten.

Nicht mehr befahrbar ist der neue und über 2 km lange Tunnel Roquillos zwischen Mocanal und Frontera. Hier gab es einige kleinere Erdrutsche. Aus Sicherheitsgründen bleibt er bis auf weiteres gesperrt. Der Verkehr fließt nun wieder über die alte Bergstrecke.

Die Maßnahmen zum Schutze der Bevölkerung laufen auf Hochtouren. Der mobile Kommandobus mit modernsten Kommunikationseinrichtungen ausgestattet, der normal auf Teneriffa stationiert ist, wurde nach El Hierro gebracht. Auch zusätzliche Krankenwagen und ein mobiles Krankenhaus, sowie geländegängige Transportfahrzeuge kamen gestern mit der Fähre an.

Der Kommandeur der von Festlandspanien nach El Hierro verlegten Spezialeinheit für Katastrophenfälle versicherte gestern auch, dass kurzfristig weiterer Nachschub wie Material, Fahrzeuge, Flugzeuge oder Hubschrauber auf die Insel gebracht werden kann. Aus eigener Erfahrung weiß ich, dass diese Einheit die bereits vor 2 Jahren bei unserem großen Waldbrand auf La Palma im Einsatz war, sehr effektiv ist und einiges auf die Beine stellen kann.

Der kanarische Präsident Paulino Rivero versicherte, dass alles zum Schutze der Bevölkerung getan werde. Man habe jetzt noch genügend Zeit sich intensiv auf den evtl. Ernstfall vorzubereiten. Eine direkte Bedrohung bestehe im Moment aber nicht.

Die Behörden sind natürlich bestrebt, alles herunter zu spielen und die Bevölkerung zu beruhigen. Nach 8 deutlich gefühlten Erdstößen alleine am Mittwoch, wird es doch vielen Herrenos so langsam unheimlich. Wie würden Sie sich fühlen in dem Wissen, auf einem brodelnden Vulkan festzusitzen. An einen normal geregelten Tagesablauf ist hier nicht mehr zu denken.
Wie mir gestern auch eine Bekannte aus Frontera erzählte, sitzt sie bereits auf gepackten Koffern, jederzeit bereit alles aufzugeben und schnellstens die Insel zu verlassen. Unterschlupf würde sie bei Verwandten auf Teneriffa finden. Das ist momentan die Stimmung und Ungewissheit von vielen Menschen auf der Insel.
Auch haben mich eine Reihe von Gäste Anfragen erreicht, die in den nächsten Wochen einen El Hierro Urlaub gebucht haben.

Mein Rat dazu: Wenn Sie kein Vulkanologe oder Wissenschaftler sind, der natürlich einen Vulkanausbruch als das "Highlight" betrachtet, versuchen Sie den Urlaub zu verschieben. Sie müssen sich nicht unbedingt absehbaren Gefahren aussetzen. Der Flugverkehr könnte wegen einer Aschewolke eingestellt werden und die Fähren müssen wichtigere Dinge als Gäste transportieren und sind vielleicht ausgebucht. Auch behördliche Maßnahmen könnten das Reisen einschränken.
Sicher treffen Sie auch auf keinen ruhigen und ausgeglichenen Herrenos und Sie wollten sich doch erholen.

Warten Sie einfach ab und verschieben Sie ihren El Hierro Aufenthalt auf ruhigere Zeiten oder planen Sie als Alternative eine Nachbarinsel ein, wie z. B. mein La Palma - auch eine sehr schöne Insel.

Freitag, 30. September 2011
El Hierro steht noch

Wenn ich so manche deutsche Presseartikel überfliege, bekommt man wahrlich den Eindruck, die Kanaren stehen kurz vor ihrem Untergang.
"Vulkan-Angst im Urlaubsparadies" (Bild) oder "Ganz El Hierro auf der Flucht"
Das sind Presse Schlagzeilen die aber ihre Wirkung entfalten. Aus verschiedenen Anfragen höre ich die Unsicherheit und Angst, Urlaub auf den Kanaren zu verbringen.

Deshalb zur Klarstellung: Es geht nur um die südwestlichste Insel El Hierro. Ob dort ein Vulkan ausbrechen wird, kann heute noch niemand sagen. Entweder die Aktivitäten kommen zum Stillstand oder es kommt zur Eruption.
Alle anderen kanarischen Inseln sind davon nicht betroffen. Auch eine evtl. Aschewolke wird keine großen Auswirkungen auf die Nachbarinseln haben. Auf den Kanaren gibt es keine explosiven Vulkane, darüber sind sich alle Wissenschaftler einig. Auch die beiden letzten Ausbrüche 1949 und 1971 auf La Palma haben dies bestätigt. Sie können also unbeschwert ihren Urlaub auf Teneriffa, La Gomera, La Palma oder den anderen Inseln verbringen. Nur ein Besuch auf der Insel El Hierro würde ich zum heutigen Zeitpunkt verschieben.

Nun zu den Fakten:
Die Erdstöße halten unvermindert an. Gestern waren es 95 Beben, davon einige über 3,0 auf der Richterskala.
Die evakuierten Menschen in den Steinschlaggebieten durften wieder in ihre Häuser zurück. Das ist ein schon oft dagewesener Vorgang, der auch bei Starkregen in der Vergangenheit zum Tragen kam und nicht extra wegen der Beben erfunden wurde. Wohnen Sie

einmal direkt unter einer über 1000 m hohen Felswand, von der sich durch Witterungseinflüsse oder jetzt der Beben, Steinbrocken oder Felsen lösen können.

Die spanische Verteidigungsministerin Carme Chacon kam gestern extra aus Madrid angereist, um ihre Unterstützung und Hilfe bei einem Ernstfall zu bekräftigen. Mit Hilfe des Militärs sei man kurzfristig in der Lage bis zu 4000 Personen auf eine andere Insel zu evakuieren. Auch sei man darauf vorbereitet 2000 Personen in Notunterkünfte unter zubringen. Alle Vorbereitungen seien bereits getroffen.

Es ist schon bemerkenswert, dass sich Madrid so intensiv um El Hierro kümmert und eigens die Verteidigungsministerin auf das kleine El Hierro schickt. Hier sieht der aufmerksame Betrachter, welch hohen Stellenwert der Vulkanaktivität in Madrid beigemessen wird. Kurzum wir sind in guten Händen und es wird alles Menschenmögliche getan.

Das Zentrum der Beben liegt wie in den vergangenen Tagen im Südwesten, zwischen La Restinga und dem Leuchtturm "Faro de Orchilla", dem ehemaligen 0 Meridian oder wie von Papst Luis VIII noch im Jahre 1643 festgelegt, der "Meridian Primero". Also das Ende der Welt oder am "Culo del Mundo" (diese Übersetzung spare ich mir)

Interessant ist, dass genau dieses Gebiet 1995 als Baugelände für den ersten europäischen Weltraumbahnhof vorgesehen war. Von hier aus sollten Satelliten der ESA ins All geschossen werden. Nur durch den unbändigen Protest der Einwohner wurde dann das Projekt zu den Akten gelegt. Auch ausführlich nachzulesen in meinem El Hierro Buch. Nicht auszudenken was bei Realisierung der Pläne nun heute damit geschehen wäre.

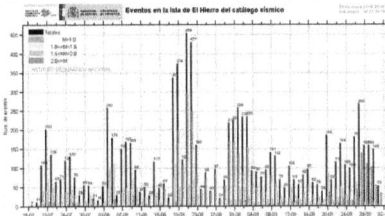
Der große Kreis beschreibt den Gefahrenbereich, der beim Start einer Rakete geräumt werden sollte. Rechts unten das Ort La Restinga und am linken Kreisrand ungefähr der Leuchtturm. Genau dieses Gebiet ist zur Zeit das Zentrum der Erdstöße.

Samstag, 1. Oktober 2011
Verschnaufpause auf El Hierro

Die Beben haben gestern etwas nachgelassen, es gab insgesamt 148 Erdstöße. Allerdings wurden die Herrenos heute Nacht um 0.25 Uhr von einem Beben der Stärke 3,5 und kurz darauf um 0.47 Uhr von 3,6 auf der Richterskala, wieder wachgerüttelt.

Auf der Grafik, die den gesamten Erdbebenverlauf von Juli bis gestern wiedergibt, kennzeichnen die schwarzen Balken die Gesamtanzahl der täglichen Beben. Die roten Balken sind stärkere Beben mit mehr als 2,0 auf der Richterskala. Es fällt auf, dass in den letzten Tagen das Rot überwiegt, also die Stärke kräftig zugenommen hat.
In der Gesamtstatistik fällt das regelmäßige Auf und Ab der Aktivitäten auf. Diese Wellenlinie ist typisch vor einem Vulkanausbruch. Auf Tagen mit reger Aktivität folgen Tage mit relativer Ruhe. In so einem Tal befinden wir uns heute. Insgesamt kumuliert sich aber die Energie im Untergrund, um in der nächsten Woche umso kräftiger wieder loszulegen.
Diesen klassischen Verlauf konnten wir auch beim letzten Ausbruch

des Teneguia auf La Palma 1971 beobachten. Kurz vor dem Ausbruch stieg die Heftigkeit der Erdbeben auf eine Stärke von 4,8 - 5,0 der Richterskala an. Ein dann untrügliches Zeichen für eine baldige Eruption.

Ich denke, dass dieses Spiel auf El Hierro noch einige Wochen andauern wird und sich erst bis Ende Oktober entscheidet.

Sonntag, 2. Oktober 2011
Reisewarnung des ÖAMTC

Der österreichische ÖAMTC - Österreichischer Automobil-, Motorrad- und Touring Club - in Wien, hat soeben eine Reisewarnung für die Insel El Hierro heraus gegeben.

Planetenkonstellation - kein Einfluss auf Vulkane
Auch der Sonntag ist bisher ruhig verlaufen. Gestern gab es 116 Beben mittlerer Stärke. Bleibt Zeit einmal Zwischenbilanz des bisherigen Verlaufs zu ziehen:

Insgesamt wurden seit Mitte Juli bis heute 8862 Erdstöße registriert. Die stärkste Magnitude lag bei 3,8 auf der Richterskala. Der Hauptteil der Beben kam aus einer Tiefe zwischen 9 - 14 km. Das Zentrum hat sich vom Golfotal im Nordwesten in den Küstenbereich von Tacaron bzw. dem Mar de las Calmas in den Süden verlagert.

Durch die besondere Konstellation der Gestirne am gestrigen Samstag, hatte ich eigentlich ein Aufbrausen der Erdbeben Aktivitäten erwartet. Der besondere Abstand Sonne, Erde und Mond und verschiedene andere Einflüsse am gestrigen Tage, hatte nämlich eine besonders hohe Flut auf den Kanaren ausgelöst. Es wurden Rekordstände von teilweise mehr als 2 m über Normal gemessen. Auf den Vulkan hatte dies jedoch keinen Einfluss. Somit haben wir wieder einen neuen Erfahrungswert, dass besondere Planeten-Konstellationen auf Vulkane keinen Einfluss ausüben können.

Des einen Freud - des anderen Leid. So könnte man vielleicht folgenden Bericht einer Schweizer Zeitung kommentieren:

Unternehmer auf El Hierro erhoffen Vulkanausbruch
Der Vorsitzende der Vereinigung kleiner und mittlerer Unternehmen auf der Insel, Herminio Sánchez, sieht sogar riesige Vorteile in einer - begrenzten - Naturkatastrophe. Er erhofft sich davon einen massiven Zustrom neugieriger Vulkan-Touristen. «Wenn Hawaii davon lebt, warum wir nicht? Der Vulkan soll so schnell wie möglich explodieren.»
«Das ist das Beste, was uns passieren kann», beteuert Sánchez, dessen Verein 120 Unternehmen angehören, nach einem Online-Bericht der spanischen Zeitung «El País» vom Freitag. Nach seiner Schätzung könnte ein Vulkanausbruch die Anzahl der Besucher auf der Insel verzehnfachen.
Sánchez ist nicht der einzige Insel-Bewohner, der dieser Meinung ist. Auch der Besitzer des Restaurants «Don Din 2» in der Ortschaft Frontera, hofft auf einen Vulkanausbruch, «vorausgesetzt, dass es keine Opfer gibt»

Montag, 3. Oktober 2011
El Hierro - Vulkanausbruch ja oder nein ?

Die Erdbebensituation auf El Hierro hat sich nicht groß verändert. Nach 143 leichten Erdstößen am Sonntag, gab es heute am frühen Morgen um 2.34 Uhr und 4.19 Uhr vier Beben mit mehr als 3,0 auf der Richterskala. Es ist schon auffällig, daß sich in den letzten Tagen die etwas kräftigeren Beben immer in der Nacht ereignen. Vielleicht eine böse Laune der Natur, den schlafenden Herrenos zu zeigen, dass sie auf einem nun nicht mehr schlafenden Vulkan schlafen ?

Heute möchte ich mich noch mit dem dritten Teil der
Vulkanbeobachtung beschäftigen:

Vulkangase - eine Möglichkeit der Vorhersage ?
Die Menge und die Zusammensetzung der austretenden Gase ist ein
weiterer Indikator für einen bevorstehenden Vulkanausbruch. Auch
bereits seit langer Zeit erloschene Vulkane setzen Gase frei.
Schweflige Gase und Rauch sind normalerweise die ersten
Merkmale, die Menschen wahrnehmen, wenn sie einen aktiven oder
einen erst in jüngerer Zeit erloschenen Vulkan besuchen.
Auch unser 1971 erloschener Vulkan Teneguia auf La Palma strömt
auch heute noch, für jede Nase wahrnehmbar, schwefelhaltige Gase
aus. Auf den Kanarischen Inseln verdampfen so Tag für Tag mehrere
Tonnen Gase in die Atmosphäre.

Was sind das nun für Gase:
Neben Wasserdampf finden sie
darin meist Gase wie
Kohlendioxid, Helium,
Stickstoff, Methan oder
Schwefelverbindungen. Doch
auf einen Bestandteil achten die
Vulkanologen besonders:
Schwefeldioxid. Dieses Gas
könnte den Ernstfall ankündigen. Denn in der Vergangenheit
wurden häufig stark erhöhte Schwefeldioxid-Werte einige Zeit vor
Vulkanausbrüchen beobachtet. Wichtig sind signifikante
Änderungen in der Gaszusammensetzung.

Nach Wikipedia ist Schwefeldioxid, SO_2, das Anhydrid der
Schwefligen Säure H_2SO_3. Schwefeldioxid ist ein farbloses,
schleimhautreizendes, stechend riechendes und sauer
schmeckendes, giftiges Gas. Es ist sehr gut (physikalisch)

wasserlöslich und bildet mit Wasser in sehr geringem Maße schweflige Säure.

Foto: so genannte Stricklava auf El Hierro (wahrscheinlich vom Ausbruch 1738)

Um die Gaszusammensetzung festzustellen, werden unterschiedliche Methoden eingesetzt. Die direkte Entnahme von Gasproben ist die genauste Möglichkeit. Die flüchtigen Stoffe werden in, mit Analyselösung gefüllte Glaskolben geleitet, gesammelt und später im Labor untersucht. Leider liefert diese Methode nur eine Momentaufnahme.

Am besten sind kontinuierliche Messungen der Gaszusammensetzung vor Ort. Sie ist technisch sehr viel aufwändiger liefert jedoch vollautomatische Ergebnisse lückenlos und in Echtzeit.

Aus der Ferne erfolgt die Messung vulkanischer Gase mit einem Gasspektrometer, dem so genannten GOSPEC. Auch ist heute bereits aus dem Weltall über Satellitenbeobachtung eine

Gasbestimmung möglich. Zu diesem Thema empfehle ich auch einen Spiegel Artikel von 1986, wo durch Vulkangase in Nordkamerun über Nacht fast 1800 Menschen erstickt sind, der Titel "Tödliches Geheimnis"
Alle bisher genannten Mess- und Beobachtungsverfahren, wie Seismograph, GPS-Satellitenmessung der Bodenverformung, die Gaszusammensetzung und die Temperaturmessung sind für sich alleine nicht aussagekräftig genug um Vorhersagen über das Verhalten eines Vulkans zu treffen. Erst in ihrer Gesamtheit ergeben sich genügend Daten um relevante Aussagen machen zu können. Dennoch ist man wissenschaftlich noch weit von einer präzisen Vorhersage eines Vulkanausbruchs entfernt.

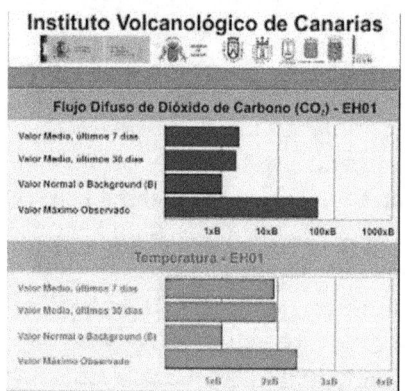

Zur Situation auf El Hierro kann anhand der oberen blauen Balken keine große Erhöhung der CO^2 (Kohlendioxid) Werte festgestellt werden. Leider gibt die Grafik über SO^2 (Schwefeldioxid) keine Auskunft. Ich werde mir diese Daten aber noch besorgen. Die roten Balken darunter zeigen eine leichte Zunahme der Boden-Temperatur in den letzten 30 Tagen an. Diese Werte allein sind nicht Besorgnis erregend.

Dienstag, 4. Oktober 2011
Ruhestörung bei Nacht ... oder wenn der Vulkan anklopft

Es ist schon irgendwie verhext. Immer zu Nachtzeiten ereignen sich die kräftigsten Erdbeben. Heute morgen um 2.10 Uhr wurden wieder viele Herrenos aus den Betten gerüttelt. Ein Beben der Stärke

3,6 auf der Richterskala, an der Küste im Süden, nahe beim Ort La Restinga ließ die Insel zittern.

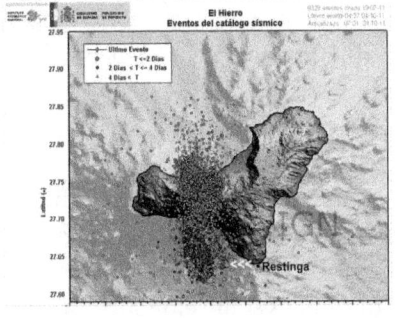

La Restinga liegt am Südzipfel von El Hierro. Die roten Punkte kennzeichnen die letzten Erdstöße. Hier fand auch (siehe <<<) der starke nächtliche Erdstoß statt.
Auf der Grafik ist schön zu sehen, wie sich die Beben von Nordwesten über den Golfo Halbkrater, nun nach Süden verlagert haben. Das hat aber nicht auch zu bedeuten, dass sich dort das evtl. Event ereignet.

La Restinga, ein ehemaliges Fischerdörfchen, hat sich in den letzten Jahren neben dem Golfotal zu einem Touristenort gewandelt. Ähnlich wie wir das auf La Palma von Puerto Naos kennen. Ein großer Hafen wurde mit EU Mitteln errichtet. Ein stattlicher Hafen, der auch größeren Schiffe das Anlanden ermöglicht. Eine Spur zu groß, wie so einiges auf El Hierro. La Restinga und vor allem das umgebende Meer ist ein Eldorado für Taucher. Unter Kennern gilt diese Gebiet als das "Schönste" und fischreichste der Kanaren. Neu erbaute Appartementanlagen, die meisten davon stehen leer, umgeben von Lava- und Steinwüste mit minimalem Bewuchs, lässt mein Herz beim Anblick nicht besonders hoch schlagen. Aber die Geschmäcker sind ja unterschiedlich.

Ja - und das ist mir noch im Hafen von La Restinga ins Auge gestochen. Ein richtiges **U-Boot**. Ein kleines, aber funktionsfähiges Submarine. Eigentümer ist die Inselregierung. Für wen und was brauchen die um himmelswillen ein solches Boot. Um vielleicht im Notfall auch unter Wasser Restinga verlassen zu können ? Der Betrachter rätselt ! Eine örtliche Zeitung beschrieb es als "**Der 500.000.- Euro-Kadaver**". Kurzum, es sollte einmal Touristen die fantastische Unterwasserwelt eröffnen. Allerdings kam es bisher nie zum Einsatz. In meinem El Hierro- Buch übrigens, habe ich mich genüsslich mit diesem "Kadaver" beschäftigt.

Mittwoch, 5. Oktober 2011
El Hierro Vulkan: Dezente Zurückhaltung

Dezente Zurückhaltung ist vielleicht auch unter Vulkanen eine Zierde. Nach seiner flotten Anmache in den vergangenen Wochen übt er nun etwas Zurückhaltung.

Gestern hat die Bebenaktivität auf El Hierro etwas nachgelassen. Registriert wurden 96 Beben. Keines der Beben lag über 3,0. Ob das ein Zeichen für ein "Einschlafen" des Vulkans oder nur die Ruhe vor dem nächsten Sturm ist, wird sich in den nächsten Tagen und Wochen zeigen.

Vulkane sind unberechenbare Wesen, die sich nicht gerne in die Karten schauen lassen. Selbst mit modernen Messmethoden, - ich hatte die einzelnen Messverfahren ja vorgestellt, kann nur nebelhaft das weitere Verhalten vorher gesagt werden. Nur kleine

Veränderungen in der Magmakammer, können innerhalb von Stunden die Situation um 180° drehen.

Der Mensch kann wohl auf den Mond fliegen und andere technische Meisterleistungen vollbringen, vielleicht auch die Natur etwas bändigen, aber sie beherrschen - das kann er nicht. Und das ist auch gut so. Dazu fällt mir folgendes Zitat aus meinem La Gomera Buch ein:
"Die Natur braucht sich nicht anzustrengen bedeutend zu sein. Sie ist es. In der ganzen Natur ist kein Lehrplatz, lauter Meisterstücke. Wir müssen die Natur nicht als unseren Feind betrachten, den es zu beherrschen und überwinden gilt, sondern wieder lernen, mit der Natur zu kooperieren.
Sie hat eine viereinhalb Milliarden lange Erfahrung. Unsere ist wesentlich kürzer"

Donnerstag, 6. Oktober 2011
El Hierro Vulkan - alles piano und Konvergenz

In fast gleichmäßiger Konvergenz , dümpelt unser Vulkan vor sich hin. Er grummelt und lässt ab und zu die Erde erzittern. Quasi als Lebenszeichen: Ich bin noch da !

Gestern gab es noch 78 leichte Erdstöße, die kaum vernehmbar waren. Heute Nacht hat er bereits mit 20 Beben, davon das stärkste mit 2,8 auf der Richterskala - gemessen um 5.43 Uhr in 12,4 km Tiefe auf der Südseite, auf sich aufmerksam gemacht.

Auf La Palma gibt es in Sachen Vulkan auch etwas zu berichten. Kein neuer Vulkanausbruch, nicht einmal ein schwaches Erdbeben, dafür aber einen Vulkan-Geburtstag.
Vor 40 Jahren, am 26. Oktober 1971 brach unser Vulkan "Teneguia" im Süden der Insel aus. Das war der letzte Ausbruch eines Vulkan

auf den Kanarischen Inseln. Das steht nun vielleicht El Hierro noch bevor.
Es war ein harmloser Ausbruch - fast schon ein Schauspiel, das immerhin neben Wissenschaftlern auch viele Schaulustige angelockt hatte. Ein Menschenopfer war damals zu beklagen. Ein Pressemensch der sich etwas zu weit an die giftigen Schwefeldämpfe heran gewagt hatte, verstarb an den Folgen seines Wagemuts.

Zu diesem Vulkan Jubiläum wird ein internationales Meeting vom 24.- 28. Oktober 2011 veranstaltet. Erwartet werden auf La Palma Wissenschaftler und Vulkanologen aus aller Welt. So ein Ausbruch kann sich also auch belebend auf den Fremdenverkehr auswirken.
Gefeiert wird hier so und so zu jedem noch so kleinen Anlass. Auch wenn auf dem Ankündigungsplakat bei der Jahreszahl der Druckfehlerteufel zugeschlagen hat, es findet trotzdem 2011 erst statt.

Freitag, 7. Oktober 2011
El Hierro - Vulkan meldet sich zurück

Wie es aussieht hat unser Vulkan seine Siesta (deutsch: alltägliche Mittagsruhe) wieder beendet. Seit gestern und vor allem in der vergangenen Nacht räkelt und schüttelt er sich wieder verstärkt. Am Donnerstag kam es zu 152 Beben, das Stärkste - wie sollte es auch anders sein - heute morgen um 2.30 Uhr mit 3,6 auf der Richterskala. Es kann also wieder los gehen.

Ich wage jetzt einfach mal eine Prognose, auch wenn ich vielleicht völlig daneben liege. Dieses ständige Auf und Ab wird bis Ende Oktober so weiter gehen. Ganz nach dem Motto: Soll ich oder soll ich nicht ! - Das Showdown, also das Endspiel, werden wir Anfang bis Mitte November erleben. Dann schläft er ein oder wir können seinen Schwefeldampf riechen.

Das Cabildo (Inselregierung) hat gestern beschlossen, für den Nordtunnel "Los Roquillos" eine eingehend geotechnische Untersuchung durchführen zu lassen. Der Tunnel ist seit einigen Wochen wegen Erdrutsch und Steinschlag, die durch die Beben verursacht wurden, komplett gesperrt. Ohne ein Gutachten das die Sicherheit des Verkehrs begutachtet, bleibt er auch weiter geschlossen.
Der Tunnel mit einer Länge von ca. 2 km wurde erst vor ein paar Jahren in Betrieb genommen und verkürzt die Strecke Valverde - Golfotal um 45 min.
Der Tunnel führt von der Hochebene bei Mocanal in Kurven abwärts ins Golfotal. Die Vorstellung, dass bei einer Tunneldurchfahrt durch ein Beben vielleicht die Zu- und Ausgänge verschüttet werden und man dann sein Grab unter Millionen Tonnen von Fels- und Gesteinsbrocken findet, ist nicht gerade verlockend. Sicher ist diese Verbindung für die Menschen und die Wirtschaft im Golfotal wichtig, aber Sicherheit geht vor Profit und Bequemlichkeit.

Der Tunneleingang im Hintergrund vom Golfotal (Punta Grande) aus gesehen. Auch ohne Erdbeben musste der Tunnel in der Vergangenheit bereits mehrmals wegen Steinschlag gesperrt werden. Ein Tunnel war damals die einzige Möglichkeit eine kürzere Straßenverbindung zwischen Valverde und dem Golfotal einzurichten. Auch sind bis vor wenigen Jahren noch genügend Finanzmittel aus unterschiedlichsten Quellen geflossen. Heute würde dazu sicher das Kleingeld für diese Investition fehlen.

Auf der Karte unten ist mit Pfeil der Golfo-Eingang gekennzeichnet. Bei Mocanal im Norden führt er wieder ans Tageslicht. Jetzt muss die gelb markierte Strecke über San Andres südlich, weiter über die Berge nach Frontera benutzt werden.

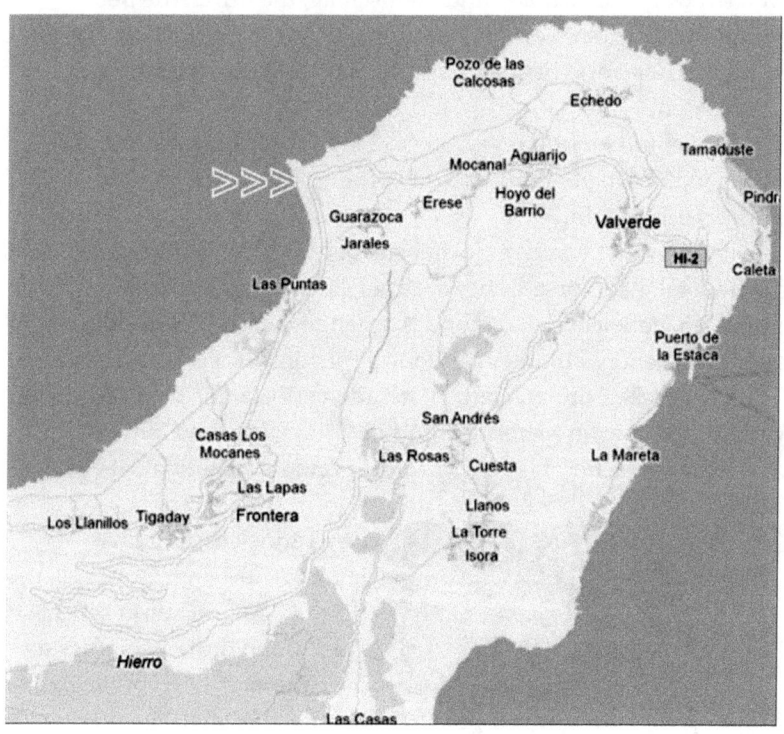

Der Vulkan erwacht

Samstag, 8. Oktober 2011
El Hierro: Paukenschlag um Mitternacht

Kurz vor Mitternacht hat eine ganze Serie von starken Beben die Insel aus der Nachtruhe gerissen. Das kräftigste hatte eine Magnitude von 3,7 auf der Richterskala.

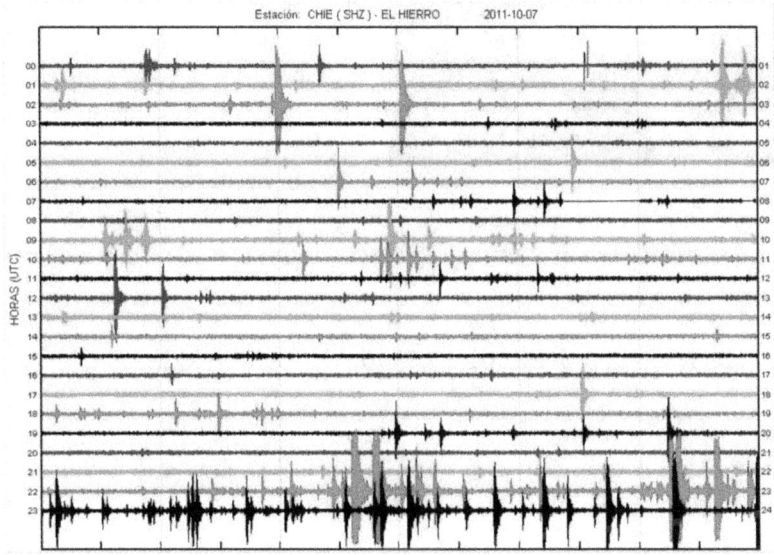

Das war der zweitstärkste Erdstoß der jemals auf El Hierro gemessen wurde. Das Diagramm zeigt die Ausschläge des Seismograf kurz vor Mitternacht.
Es ist schon verhext, warum unser Vulkan immer in der Nacht so grummeln muss. Das werde ich noch versuchen zu klären.
Inzwischen haben auch Vulkanologen des National Geografico

Institut bei einer Anhörung eingeräumt, dass in den nächsten Tagen Erdbeben der Stärke 4,0 und mehr möglich sind und Erdrutsche und Steinschlag vermehrt auslösen können. Gestern gab es insgesamt 177 Erdstöße, heute Morgen wurden bereits über 60 registriert.

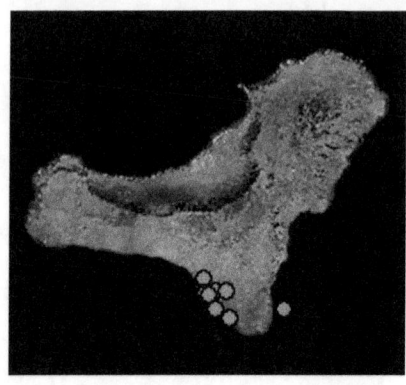

Inzwischen verlagert sich das Epizentrum wieder vom Meer Richtung Insel. Die roten Punkte geben den Standort der letzten Beben an. Genau an der Südspitze liegt der Ort Restinga. Für die nächsten Tage erwarte ich ein weiteres Vorrücken der Beben in das Inselinnere Richtung Golfotal. Von Urlaubern im Golfotal wurde mir berichtet, dass sich noch alles im "grünen Bereich" befindet, aber die Erdstöße und die Nervosität der Inselbewohner deutlich spürbar ist.

El Hierro: Beben der Stärke 4,3 auf der Richterskala

Erstmals hat ein Erdbeben auf El Hierro die Stärke von 4,0 auf der Richterskala überschritten. Um 20.34 Uhr bebte südwestlich von Restinga die Erde mit einer **Stärke von 4,3**.

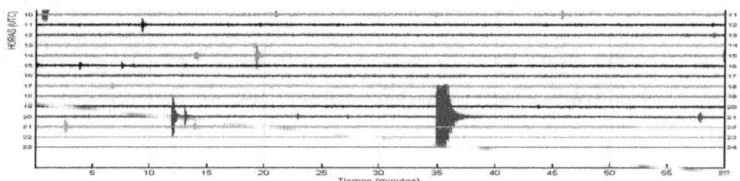

Das Zentrum lag in 12,5 km Tiefe. Über Schäden oder Erdrutsche liegen noch keine Meldungen vor.

Sonntag, 9. Oktober 2011
El Hierro - die Vorhersage ist eingetroffen !

Noch gestern Vormittag hatte ich darüber berichtet, daß für die nächsten Tage auch Beben mit 4,0 und mehr auf der Richterskala möglich seien. Schon am Abend hat es sich bewahrheitet.
Ein Beben der Stärke 4,3 und auf ganz El Hierro spürbar.
Das Zentrum lag vor der Küste von Tacoron. Hier befindet sich die Teufelshölle, ein kleiner Badestrand und im Kiosko gibt es die besten Pizzas von El Hierro. Genau dieses Gebiet war in den 1995er Jahren als Raketenstartgelände für das europäische Satellitenprogramm ausgewählt worden. Siehe auch meinen Bericht vom 30.9.2011.

Die gestern entstandenen Schäden halten sich in Grenzen. Einige Straßen im Süden mussten wegen Steinschlag gesperrt werden. Von der Küste brachen Felsbrocken ins Meer ab. Auch soll es einen Erdrutsch am Tunneleingang im Golfotal gegeben haben. Damit dürften weitere Diskussionen und Untersuchungen wegen einer vorzeitigen Wiedereröffnung des Los Roquillos-Tunnel sich erledigt haben.

Ein Erdbeben der Stärke 4,3 auf der Richterskala ist im Grunde nichts besonderes. Oft kommen Beben dieser Stärke auf unserem Globus vor. Erst eine Kombination mit der Häufigkeit dieser Erdstöße lässt aufhorchen und macht die Sache gefährlich.
In der Presse und im Bewusstsein des Betrachters ist die Richterskala eingeprägt, obwohl in der Wissenschaft oft die modifizierte Mercalliskala angewendet wird. Auch die kanarischen Vulkanologen benutzen diese Mercallitabelle für ihre Bebenbestimmungen. Im Grunde ist es auch egal welche Skala benutzt wird, da bis zur Bebenstärke 6 Richter oder VI (römische Zahlen) Mercalli, fast identisch sind. Erst bei stärken Beben weichen sie stark voneinander ab.

Zum Verstehen habe ich hier einmal beide Bewertungsstufen
aufgeführt:

Mercalli-Stufe	Beschreibung der Erdbebenfolgen	Richter-Skala
I	Unmerklich, nur durch Instrumente nachweisbar	1
II	Kaum merklich	2
III	Von einigen Menschen bemerkt	3
IV	Von den meisten Menschen im Umkreis von 30 km bemerkt, spürbar in Häusern, kleine Schäden möglich	4
V	Menschen werden im Schlaf aufgeweckt, Bäume und Masten beginnen zu schwanken.	5
VI	Möbel können sich verschieben, leichte Schäden	5,3 - 5,9
VII	Leicht gebaute Häuser können schwer beschädigt werden. Menschen geraten in Panik und laufen aus den Häusern, leichte Schäden auch an massiven Bauwerken. Todesopfer in dicht besiedelten Regionen wahrscheinlich	6,0 - 6,9
VIII	Verbreitete Zerstörungen von Gebäuden, leichte Schäden auch an "erdbebensicheren" Gebäude und Anlagen. Felsen stürzen ein, Erdrutsche treten auf.	7,0 - 7,3
IX	Allgemeine Gebäudezerstörungen, Fundamente verschieben sich, im Erdboden erscheinen erkennbare Risse.	7,4 - 7,7
X	Verwüstungen, katastrophenartige Zerstörungen, breite Risse im Erdboden, die meisten Gebäude zerstört.	7,8 - 8,4
XI	Alle Gebäude zerstört, landschaftsverändernde Zerstörungen, breite Spalten im Erdboden und in Straßen.	8,5 - 8,9
XII	großflächige verheerende Katastrophe	ab 9

Nach Charles Francis Richter der 1935 am California Institut of
Technology seine Richterskala entwickelt hat, bedeutet eine
Bebenstärkenerhöhung um 1 Grad eine Maximierung um das 10
fache. Das heißt, - ein Beben von 4,3 ist 10x stärker als ein Beben mit
3,3.
Was sagen uns nun diese ganzen Zahlen im Blick auf einen
Vulkanausbruch. Aus der Vergangenheit wissen wir, erst bei einem

Erdbeben ab 5,0 und mehr, besteht die Gefahr eines Vulkanausbruch. Das wurde 1949 beim Vulkan San Juan und 1971 beim Teneguia auf La Palma so auch gemessen. Jedem dieser Ausbrüche gingen Tage zuvor Erdbeben um 5,0 voraus.
Auf El Hierro sind wir also auf dem besten Wege in die Fußspuren des Teneguia zu treten.

Montag, 10. Oktober 2011
El Hierro - jetzt braut sich was zusammen

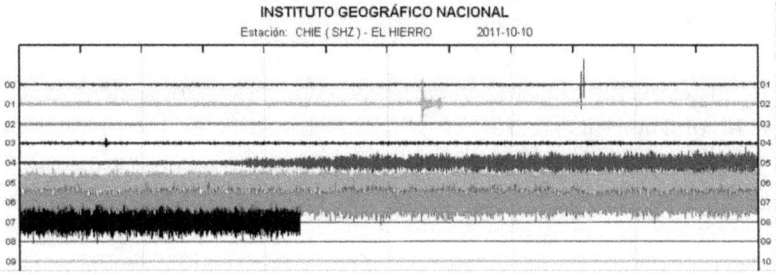

Seit 4.18 Uhr heute Morgen wird El Hierro von einer Nonstop Bebenwelle erschüttert.
Es sind Schwarmbeben die alle um 1,0 - 1,5 auf der Richterskala liegen. Beben über einen so langen Zeitraum von Stunden gab es in den vergangenen Monaten noch nie.
Auf der Grafik des Seismometer haben die unterschiedlichen Farben keine große Bedeutung. Sie kennzeichnen nur zur besseren Unterscheidung die einzelnen Stunden. Auch das Zentrum der Beben ist im Moment nicht klar auszumachen. Mehrere dieser Erdstöße erfolgten nun auch wieder im Küstenbereich des Golfotales in Nordwesten.
Der Ausgangspunkt der letzten Beben im Nordwesten wurde nicht wie bisher in 10 - 12 km Tiefe, sondern ziemlich an der Oberfläche gemessen.

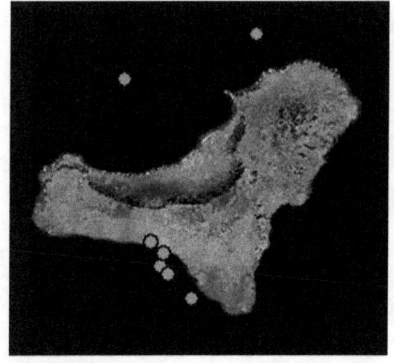
Es scheint so, dass große Magmamassen ihren angestammten Platz im Moment verlassen und neue Räume an füllen. Ob sie sich zur Oberfläche vorarbeiten, kann ich nicht beurteilen. Sicher ist nur, dass sich etwas ungewöhnliches im Untergrund tut. Sobald mir neue Erkenntnisse vorliegen, werde ich berichten.

Das Ergebnis meiner kleinen Umfrage von letzter Woche liegt nun auch vor. Die Fragestellung war:

Würden Sie trotzdem jetzt Urlaub auf El Hierro machen ?

53% **Ja**, ich habe keine Angst - davon würden 31% extra wegen der Vulkanaktivität die Insel besuchen.
47% **Nein**, das ist mir zu gefährlich - davon würden 31% aber später vielleicht El Hierro als Urlaubsziel auswählen.

Für mich doch überraschend, wie viele wagemutig, interessiert und vielleicht etwas sensationslüstern sind. Mit einem so hohen Anteil von 53% hätte ich nicht gerechnet. Meine Vermutung lag bei höchstens 20 - 25%.
Gut - das Votum wurde vom heimischen Schreibtisch aus getroffen. In der realen Wirklichkeit hätte es sicher etwas anders ausgesehen.

Kommentare:
„Glaube nicht, dass es sich hier um Schwarmbeben handelt. Vielmehr dürften das Anzeichen sein, dass das Magma nun einen Weg nach oben gefunden hat. Trifft es auf die nächste Blockade

dürften die Beben wieder losgehen. Das was wir auf dem Graph sehen nennt sich meine Wissens nach harmonischer Tremor bzw. vulkanischer Tremor. Zudem sind seit gestern Abend keine Erdbeben mehr registriert worden."

„Du hast recht. Es sind richtig ausgedrückt keine Schwarmbeben, sondern vulkanischer Tremor, der sich durch Risse nach oben vorarbeitet."

„ Heute morgen gegen 5 Uhr haben wir wieder ein Beben in El Pinar wahrgenommen, welches sich wie eines derer von 3,+ anfühlte, obwohl der Skalenwert wesentlich geringer ausfällt. Ein Indiz für die oberflächennahe Aktivitäten? Am auffälligsten war allerdings das vorgestrige (4,3), das erstmals die Scheiben vibrieren ließ. PS: Wir gehören zu den 53%, vor Ort! Nicht aus Abenteuerlust, sondern aus tiefer Verbundenheit. PS: Erfahren gerade, dass der Vulkan heute morgen 5 km von Restinga entfernt in 600 m Tiefe ausgebrochen ist."

„Falls sich zusätzlich zum Submarinenvulkan noch eine Spalte geöffnet haben sollte, würde die Gefahr bestehen, dass Meerwasser durch diese in die Magmakammer eindringt und starke phreatomagmatische Explosionen auslöst könnte.
Mit anderen Worten, so harmlos ist der Berg dann nicht mehr.
PS: Ich wäre auch so ein Kandidat der bei 53% abgestimmt hätte. Wäre einmal ein klein wenig Abenteuerlust, aber der weit aus größere Anteil weil ich mich schlicht weg für Vulkane interessiere. Ich drück allen Inselbewohnern die Daumen, dass der mögliche Ausbruch relativ harmlos abläuft."

El Hierro - das Zittern verstärkt sich

Das beständige Zittern im Untergrund hält weiter an. Es sind die charakteristisch seismischen Signale, wenn Magma durch Risse und Spalten nach oben aufsteigt und Gestein zerstört. Das ganze nennt man richtig vulkanischen Tremor. Darauf hat mich ein Leser hingewiesen.

Die spezifische Dichte des Magmas wird durch das Aufsteigen leichter und es erhält noch mehr Auftrieb. Vergleichbar etwa mit einem Ball den man unter Wasser drückt. Dieser vulkanische Tremor mit seinen lang anhaltenden Vibrationen wird noch durch Schwingungen der Magmasäule verstärkt. Ähnlich dem Klopfen in den Rohren einer Heizungsanlage.

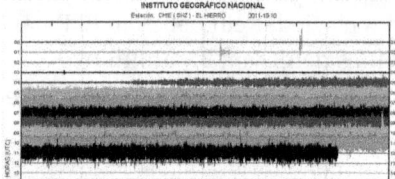

Diese Vibrationen halten unvermindert an und haben sich bis zu den Mittagsstunden noch verstärkt. **Nach noch nicht bestätigten Meldungen soll sich 5 km von Restinga entfernt, im Meer in 600m Tiefe, ein erster Vulkanschlot geöffnet haben.**

Kommentare:
„Submariner Vulkanausbruch bestätigt.
Laut der Zeitung El Mundo ist rund 5km vor der Küste in ca. 1000m Tiefe eine Eruption im Gange. Allerdings weiß man noch nicht ob es ein Vulkan ist, oder ob das Magma aus einer neuen Erdspalte stammt, die beim 4,3er Beben entstanden sein soll."

„Bestätigt wurde das Austreten von Gasen. Dabei handelt es sich aber NICHT um eine Eruption im eigentlichen Sinne! Eine solche steht noch aus und dürfte kurzfristig auftreten. Die Tremor Plots zeigen, dass der Tremor stärker wird. Augenscheinlich verdoppelte sich die Tremor-Intensität alle zwei Stunden."

Eldiscreto Meeresvulkan ausgebrochen

Dienstag, 11 Oktober 2011 - 7.47 Uhr

Das Instituto Geografico National (IGN) hat soeben bestätigt, dass gestern Morgen um 4.15 Uhr (5.15 Ortszeit), südlich von Restinga ein Meeresvulkan ausgebrochen sei.
Das Epizentrum liegt ca. 4 bis 7 km südlich der Inselspitze. Alle Messinstrumente und GPS Ortungen weisen auf einen Ausbruch in ca. 2 km Meerestiefe hin.

Das ehemalige Fischerdorf Restinga ist heute ein kleiner Touristenort mit einem ausgebauten Hafen. Mehrere Tauchschulen ermöglichen den Touristen die herrliche Unterwasserwelt vor Ort zu erkunden. Unter Tauchern gilt das Meer um Restinga als ein Eldorado. Hier auf dem Foto vor der Küste ist also der Meeresvulkan ausgebrochen.

Erkundungsflüge mit Hubschraubern über dem besagten Eruptionsgebiet zeigten gestern gegen 16.00 Uhr viele tote Fische an der Meeresoberfläche .
Fachleute aus Cadiz in Festlandspanien wurden zusätzlich eingeflogen um heute mit den einheimischen Vulkanologen und Meereswissenschaftlern weitere Untersuchungen durchzuführen.

Ungefähr an der rot markierten Stelle vor der Südküste von El Hierro erfolgte die Eruption. Genauere Feststellungen lassen sich erst nach Eintreffen des angeforderten Forschungsschiffes machen.

Beben gibt es in abgeschwächter Form nach wie vor. Die Heftigkeit der Tremore hat sogar noch zugenommen. Ob es sich vielleicht hier nur um einen Vorboten handelt und der eigentliche Hauptausbruch noch bevor steht, dazu später mehr.

Dienstag, 11. Oktober - 9.58 Uhr
El Hierro Vulkan - Sollte es das schon gewesen sein ?

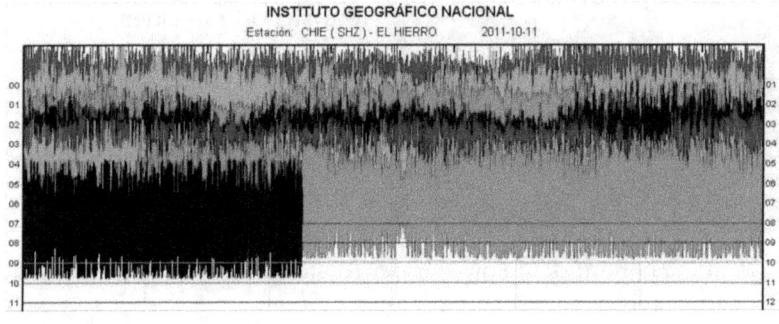

Das ist die aktuelle Aufzeichnung der Seismographen über die Erschütterungen im Untergrund von El Hierro. Das ganze nennt sich "Tremor" und spiegelt die Vibrationen die von der aufsteigenden Magma beim Zertrümmern von Gestein erzeugt wird.
Der Tremor hat sich in der Nacht verstärkt und hält weiter an. Begleitet wird er von nur noch gelegentlichen Erdstößen die Auftreten, wenn das Magma auf Barrieren trifft und diese mit Gewalt durchbricht.
Wir hatten heute in der Nacht um 1.04 Uhr ein Beben der Stärke 1,6 und um 6.02 Uhr mit 2,3 auf der Richterskala. Es fällt auf, dass diese

Erdstöße nicht am Meeresboden an der Ausbruchstelle, sondern in 10 und 19 km Tiefe gemessen wurden.

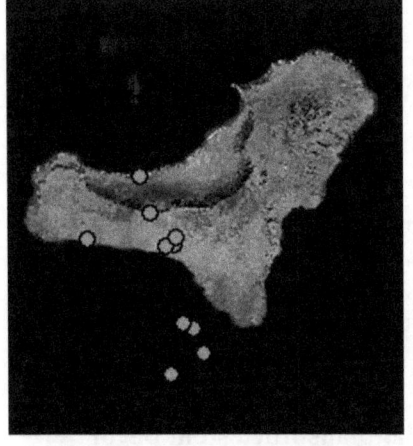

Auch das Zentrum der Beben lag nicht dort wo es zu vermuten wäre, sondern verteilt über das Inselinnere bis hin zur Küste des Golfotales im Nordwesten. Sollte etwa die gestrige Meeres-Eruption nur ein Vorbote eines noch folgenden Hauptausbruch sein ? Vielleicht traten gestern nur Gase aus die das Fischsterben verursachten ? Noch wissen wir nichts genaues. Alles sind nur Vermutungen. Die nächsten Tage werden es noch zeigen.

Wer meine Berichte genau verfolgt hat, dem ist sicher aufgefallen, dass ich nur von einem ersten Vulkanschlot schreibe.

Auch Interviews von führenden Politiker in lokalen Tageszeitungen irritieren mich. Aussagen wie "Der Vulkan ist im Meer ausgebrochen und hat alle angestaute Energie abgelassen. Es besteht absolut keine Gefahr mehr für Touristen. Sie können jetzt ungestört die Schönheit und Ruhe unserer Insel genießen"

Solche Aussagen zeugen von Naivität, Unkenntnis oder bewusster Täuschung. Auch ich gönne und wünsche jedem Gast einen schönen und erholsamen Aufenthalt auf El Hierro. Aber alles zu seiner Zeit - aber Entwarnung ist jetzt noch nicht angesagt.

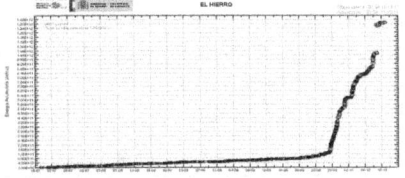

Schauen wir uns einmal die neueste Energiebilanz, also die kumulierte Energie an. Viel Energie hat sich bereits entladen, aber weitere Kraft scheint vorhanden zu sein..

Also nichts mit "alle Energie abgelassen". Stechen Sie einmal einen prall gefüllten Luftballon mit der Nadel an, dann wissen Sie was passiert.

Dienstag, 11. Oktober 2011 - 17.13 Uhr
El Hierro - Alarmstufe ROT

Soeben wurde auf El Hierro die **höchste Alarmstufe "Rot"** ausgerufen. Ein neuer Vulkanausbruch diesmal direkt auf der Insel wird in Kürze befürchtet.
Betroffen soll die Südspitze um Restinga sein. Erste Evakuierungen laufen. Sobald Näheres bekannt ist, melde ich mich.

Dienstag, 11. Oktober 2011 - 17.50
El Hierro Vulkan - Explosiver Hauptausbruch steht bevor

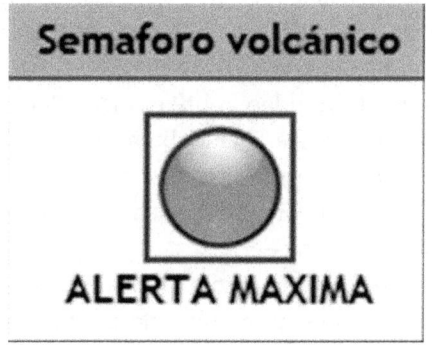

Evakuiert wird der komplette Südbereich um Restinga. Betroffen sind ca. 600 Bewohner und Touristen. Alle Anwohner wurden aufgerufen auf dem höher gelegenen Sportplatz von Restinga sich einzufinden. Von hier aus werden sie nach Valverde in Notunterkünfte gebracht.
Wie der Präsident für Sicherheit und Notfall Jose Manuel Santana mitteilte wird aufgrund der seismischen Bewegungen ein

Vulkanausbruch in Strandnähe erwartet. Dieser könnte sich aufgrund der geringen Meerestiefe zu einem explosiven Vulkan mit all seinen zerstörerischen Folgen entwickeln.
Die Vulkanexplosion oder phreatomagmatische Explosion bezeichnet in der Vulkanologie eine vulkanische Explosion, die aus dem direkten Kontakt von heißer Gesteinsschmelze (Magma oder Lava) oder heißen pyroklastischen Dichteströmen mit externem Wasser, hier Meereswasser, resultiert.

Dienstag, 11. Oktober 2011 - 21.25 Uhr
El Hierro Vulkan - Evakuierung von Restinga läuft

Die Evakuierung von Restinga ist in vollem Gange. Als Notunterkünfte wurden eine Schule und eine Sporthalle in der nördlich liegenden Hauptstadt Valverde vorbereitet.

Hier ein Foto aus ruhigerer Zeit, mit Blick über den kleinen Badestrand und den neu umgebauten Hafen von Restinga. Hier irgendwo draußen soll sich nach Meinung der Behörden der Vulkanschlund öffnen. Vulkan und Wasser verträgt sich genauso gut wie der Teufel mit Weihwasser.
Diese Kombination erzeugt eine explosive oder phreatomagmatische (= Zungenbrecher) Eruption. In den 1300° heißen Lavakanal eindringendes Wasser verdampft sofort und vergrößert sein Volumen um das 70fache. Die Folge ist eine mächtige Explosion mit Druck- und Flutwellen.
Jetzt werden Sie sich fragen warum das gestern nicht auch passiert

ist. Gehen wir mal davon aus, dass es eine Eruption in 2000m Meerestiefe gegeben hat. Das über der Ausbruchsstelle liegende Wasser war so schwer, dass der Druck des Vulkan es nicht schaffte bis an die Meeresoberfläche vorzudringen. Seine Kraft verpuffte quasi im Untergrund ohne sichtbaren Schaden anzurichten.
Nun soll der Vulkan im seichten Wasser ausbrechen. Bei bis zu 250 - 300m Wassertiefe reicht diese Energie aus um die beschriebene Explosion auszulösen.
Was hat nun zur Auslösung der höchsten Alarmstufe "ROT" geführt. Die Katastrophenbehörden und auch das Instituto Geografico National (IGN) gingen gestern davon aus, dass mit dem "Ausbruch" im Meer, die Energie in der Magmakammer kräftig abnimmt und das Schauspiel abklingt. Ich hatte gleich eine andere Meinung dazu. Heute nun blieb der Druck konstant, der Tremor wurde stärker und es setzten am Nachmittag wieder stärkere Beben ein. Wir hatten innerhalb von 90 Minuten vier Beben, um 14.39 Uhr mit 2,0 - um 15.21 mit 2,3 - um 15.45 mit 2,7 und um 15.55 mit 1,8.
Jetzt schrillten plötzlich alle Alarmglocken - der Hauptvulkan kommt ja erst noch. Alarmstufe "Rot".

Mittwoch, 12. Oktober 2011 - 9.12 Uhr
El Hierro - Lage und Szenario

La Restinga ist inzwischen eine Geisterstadt. Nur noch Sicherungskräfte, Vulkanologen und einige Presseleute hasten durch die verlassenen Gassen. Alle Einwohner sind nach der überraschenden Evakuierung gestern Nachmittag bei Freunden und in den bereit gestellten Notunterkünften angekommen. Für den Bereich der Südspitze herrscht weiter die höchste Alarmstufe.

Gestern Abend und in der Nacht wurde die Insel von weiteren Erdbeben erschüttert. Der kräftigste Erdstoß ereignete sich um 2.33 Uhr mit einer Stärke von 2,4 auf der Richterskala in 18 km Tiefe. Der

Tremor, also das Erzittern der Erde durch aufsteigende
Magmamassen, hat dramatisch zugenommen.

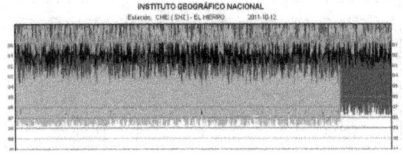

Die Erschütterungen sind so
heftig, dass die aufzeichnenden
Geräte nur noch dicke sich
überlappende Balken zu Papier
bringen. Riesige Magmamassen
müssen hier auf dem Wege zur Oberfläche sein. Es ist für mich nun
sicher, dass es zu einem Vulkanausbruch kommt.

Besorgt bin ich allerdings über die Verlagerung der registrierten
Beben. Waren sie in der Vergangenheit im Meer, so liegen die
jetzigen Erdstöße direkt unter der Insel. Sie konzentrieren sich auf
die Cumbre (Bergrücken) im Inselinnern. Ich glaube nicht, dass es
einen Vulkanausbruch in Strandnähe von Restinga im Süden geben
wird. Den Bereich um den Tanganasoga, ein Berg mit 1376 m Höhe,
sehe ich als mögliche Ausbruchsstelle.

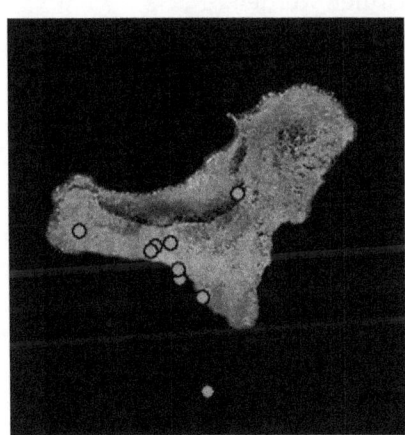

Die roten Punkte kennzeichnen
die jüngsten Beben der
vergangenen Nacht. Noch liegt
der Schwerpunkt der Erdstöße
südlich des Halbkraters El
Golfo.

Fast alle Beben finden in großer Tiefe von 10-18 km statt. Das kann
bedeuten, dass sich die Magmakammern mit neuem Material aus

dem Erdinnern auffüllen und nachher eine große Menge Lava ausspucken können.

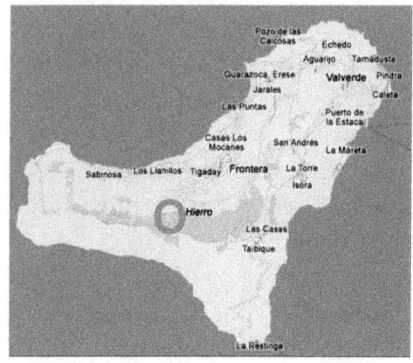

Hier als Kreis markiert auf der Landkarte, der Sektor um den Tanganasoga. Ein Ausbruch in diesem Gebiet wäre sehr bedrohlich für das besiedelte Golfotal. Direkt durch den Kreis führt die über 1000m hohe und abfallende Abbruchkante (dunkler Bereich). Die Lava könnte hier ungebremst ins Tal stürzen und Frontera und Sabinosa sowie die dazwischen liegenden Pueblos äußerst gefährlich werden.
Das sind meine Überlegungen und mein Szenario.
Ich könnte mir gut vorstellen, dass die Behörden in den nächsten Stunden zu einer ähnlichen Ansicht gelangen und auch für das Golfotal die höchste Alarmstufe ausrufen werden.

Kommentare:
„Warum wird in der Presse und TV nicht mehr informiert?"

„Die Regierung von El Hierro ist sehr zurückhaltend oder unwissend. In deutschen Zeitungen steht oft mehr, allerdings oft überspitzt und die Tatsachen verdreht."

„Die Vulkanasche ist kein Problem. Wir haben hier zumindest in den tieferen Lagen fast beständigen Nordost Wind. Im Moment leichter Wind aus Norden. Somit wird, wenn der Fall eintritt, die Asche über den weiten Atlantik verteilt."

Mittwoch, 12. Oktober 2011 - 12:57 Uhr
Informationsdefizit in der Krise

10.10.2011 - El Hierro - Gegenüber einem regionalen Fernsehsender sagte Alpidio Armas, dabei handele es sich um eine hervorragende Nachricht für die Insel, denn die über lange Zeit aufgestaute Energie würde nun abgebaut.
Der Inselpräsident lud alle Welt auf die kleinste Kanareninsel ein und gab zu verstehen, von der unterirdischen Eruption ginge nicht die geringste Gefahr aus.

Mit solchen Interviews und Aussagen betreibt man keine ehrliche und offene Informationspolitik. Nachzulesen in Wochenblatt.online.
Es war nicht irgendeine Person, sondern der Inselpräsident von El Hierro Alpidio Armas. Das Fernsehinterview wurde direkt nach der ersten kleinen Eruption gegeben. Dann frage ich mich, warum genau dieser Mann, keine 24 Stunden später die höchste Alarmstufe ausruft.
Das ganze zeigt wie alles verniedlicht, verharmlost und schön geredet wird. Nur keinen Touristen abschrecken und die eigene Bevölkerung im Unklaren lassen.
Oder ist es Naivität und Unkenntnis ? Allerdings steht dem Krisenstab "PEVOLCA" auch ein Team von Wissenschaftlern zur Verfügung, die die Aktivitäten einschätzen sollten. Man diskutiert in diesem Krisenstab stundenlang, ob nun das gesperrte Tunnel wieder geöffnet werden soll oder nicht. Die eigentlich wichtigen Dinge aber werden vergessen oder nicht erkannt.
Auch die extra eingerichtete Webseite: Emergencias El Hierro - die die Einwohner warnen und informieren sollte, wird nur sporadisch gefüttert.
Bei dieser miesen Informationspolitik wird mehr Unruhe als die

vielleicht beabsichtigte Ruhe erzeugt.
Interessant zu lesen und nur beispielhaft für viele Mails die mich in den letzten Tagen erreicht haben:

"Leider muss ich immer wieder feststellen,dass die Behörden entweder keine,verspätete oder sehr abgeschwächte Informationen heraus geben.
Mich versetzt diese Tatsache viel mehr in Angst, als das eigentliche Geschehen. Natürlich mache ich mir schon Sorgen über einen Tsunami und da bin ich nicht allein. Es wird weder aufgeklärt noch informiert.Vor einigen Tagen hieß es noch, dass eine Wahrscheinlichkeit für einen Vulkanausbruch bei, ich glaube es waren 10-20%,liegt.
Ich finde, dass die Behörden endlich ehrlich sagen sollen was los ist. Panik entsteht durch Unwissenheit und nicht durch Aufklärung und auch die Nachbarinseln sollten einbezogen werden."

Vielleicht sollten die Verantwortlichen für dieses Durcheinander öfter mal einen Blick in diesen Blog werfen, um die Stimmung und die Angst ihrer Bürger und Besucher überhaupt zu verstehen. Wir leben nicht mehr im Mittelalter ! Heute stehen schnelle Informationsmedien auch auf El Hierro zur Verfügung - wenn man nur will !

Kommentare:
„Hoffentlich geht für die Menschen auf der Insel alles gut ab.
Ich war letzten November für 14Tage auf dieser schönen Insel, Tacoron Badebucht, Malpaso - es war alles ein Traum.
Das Beste wäre es doch die Menschen auf andere Inseln evakuieren, solange nicht klar ist, wo der Vulkan ausbricht."

„Die ganze Insel evakuieren? Ich glaube das ist nicht notwendig.

Betroffen ist im Moment nur der Süden und in ein paar Tagen vielleicht das Golfotal. Der Norden wird nicht betroffen sein. Aber hier hat, und das muss ich ausdrücklich betonen, die Inselregierung Vorsorge getroffen. Es stehen alle Kapazitäten (Bus, Flugzeug und Schiff) bereit, um kurzfristig El Hierro komplett zu räumen."

Mittwoch, 12. Oktober 2011 - 16:33 Uhr
Vulkan - es tut sich was

Irgend etwas ist im Gange. Ganz genau lässt es sich nicht deuten. Der Tremor der aufsteigenden Magma im Kanal hat plötzlich stark nachgelassen. Rote Wellenlinie auf der Grafik.

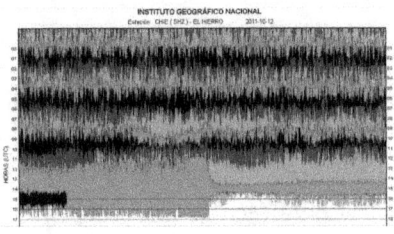

Hier gibt es nun zwei Möglichkeiten. Die Magma hat entweder einen Ausgang (Ausbruch) gefunden oder der Magmakanal ist verstopft und eine Gesteinsschicht versperrt den weiteren Weg. Hier müsste es dann in Kürze wieder kräftigere Erdbeben geben, wenn die Magma versucht diese Barriere zu durchbrechen. Bereits heute Mittag um 12.27 Uhr gab es ein Beben von 2,6 auf der Richterskala

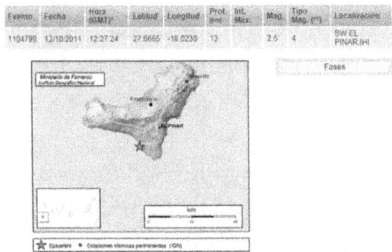

Nachtrag: Seit 17.30 Uhr fließt das Magma wieder und die Tremore werden stärker. Das Magma hat wahrscheinlich einen anderen Aufstiegsweg gefunden.

Donnerstag, 13.Oktober - 8:10 Uhr
El Hierro Vulkan - angespannte Lage

Die Lage auf El Hierro bleibt angespannt. Nachdem gestern die aufsteigende Magma ihre Fließgeschwindigkeit für einige Stunden verlangsamt hatte, steigt sie nun wieder rascher auf. Widerstandslinien wie harte Gesteinsschichten konnte sie aufbrechen oder umgehen. An der Intensität des Tremor Zittern sind diese Vorgänge messbar. Wie weit die Magmamassen inzwischen aufgestiegen sind lässt sich nicht sagen.

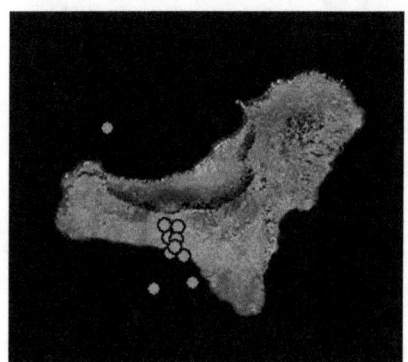

Tatsache ist aber das weitere Vorrücken der Beben ins Inselinnere. Wie ich gestern bereits in meinem Szenario beschrieben habe, verlagern sich die Erdbeben immer weiter in Richtung Golfotal im Nordwesten.

Heute Nacht hatten wir Erdstöße um 2.23 Uhr von 2,1 - 3.19 Uhr von 1,6 - 3.38 Uhr von 1,7 und 4.10 Uhr von 1,7 auf der Richterskala.
Die Beben sind im Moment noch schwach, werden aber nach meiner Meinung im Laufe des Tages weiter zunehmen. Je weiter die Magma nach oben kommt, desto stärker wird deren Intensität. Die Gefahr von Steinschlag und Erdrutsch im Golfotal wird zunehmen.

Gestern wurde auch bekannt, dass vor La Restinga im Süden zwei weitere Vulkanschlote in geringer Meerestiefe entdeckt wurden. Der eine Schlot befindet sich ca. 2,0 - 2,5 Meilen in 700m Tiefe vor Restinga. Der zweite nur 1,0 - 1,5 Meilen in 200m Meerestiefe. Gerade von diesem könnte die Gefahr eines explosiven

Vulkanausbruch ausgehen. Aus diesem Grunde wurde auch am Dienstag La Restinga evakuiert.
Diese Hypothese halte ich allerdings für gering, da es sich wahrscheinlich nur um einen Entgasungsschlot handelt. Starke Schwefelgerüche und an der Meeresoberfläche treibende tote Fische wurden beobachtet.

Von den Behörden wird vermutet, dass das starke Erdbeben von 4,3 am vergangenen Samstag einen Riss der Erdkruste vom Meer ins Inselmassiv verursachte. An dieser Spalte haben es nun die Magma und die Vulkangase relativ leicht, die Erdoberfläche zu erreichen. Genaue Aufschlüsse wird erst der Einsatz eines Erkundungs U-Bootes liefern können.

Donnerstag, 13. Oktober 2011 - 10:33 Uhr
Hierro Vulkan - der Tauchroboter kommt

Die Leon Thevenin soll nun das Rätsel lösen. Ein französisches Forschungsschiff, oder besser Spezialschiff, das der "France Telecom Marine" gehört und für das Legen und die Überwachung von Unterwasser Glasfaserkabel für die Telekommunikation ausgerüstet ist, soll die Vulkanschlote im Meer bei La Restinga untersuchen.
An Bord hat es einen Unterwasser Roboter, der ferngesteuert bis in 2000m Tiefe absteigen kann. Eine eingebaute Kamera liefert Bilder direkt in die Kommandozentrale. Mit Hilfe dieses Tauchroboter hofft man nahe genug an die Ausbruchsstellen heran zu kommen, um die Größe und das Ausmaß der Eruptionen einschätzen zu können.

Hier ein vergleichbares deutsches Modell. Der Einsatz ist wichtig, da bis heute nicht klar ist, ob nur Gase oder auch Magma ausgetreten ist. Die Leon Thevenin arbeitet zur Zeit für die spanische Telefonica und liegt im Hafen von Santa Cruz de Tenerife.
Noch heute soll sie auf El Hierro eintreffen.
Da habe ich noch einen anderen Vorschlag: Seit Jahren gammelt im Hafen von La Restinga ein der Inselregierung von El Hierro gehörendes Unterseeboot vor sich hin und wartet auf seinen ersten richtigen Einsatz.

Ja - sie haben richtig gelesen. Hier auf dem Foto der Kadaver hinter Gittern.

Eine Spezialanfertigung, in Sardinien für 500.000.- Euro gebaut. Das hätte man doch längst einsetzen können !
Nur hat die Sache einen kleinen Haken. Das U-Boot wurde für die Beobachtung in seichten Gewässern gebaut. Inhalt: keine Wissenschaftler oder Marinesoldaten, sondern Touristen - und bis heute fehlt noch ein richtiger Kapitän mit den erforderlichen Lizenzen.
Wenn Sie also pensionierter U-Boot Kommandant sind, dann können Sie sich auf diese Stelle bewerben.

Donnerstag, 13. Oktober 2011
El Hierro Vulkan: Luftaufnahmen

Das sind die ersten Aufnahmen vom heutigen Tage, die die Verfärbungen der Meeresoberfläche bei La Restinga zeigen. Ob es sich um ausgestoßene Lavaasche oder Schwefelgase handelt, wird zur Zeit geklärt. Ich denke, von jedem etwas. Wobei wegen der gelben Farbe Schwefel dominieren dürfte. Nach Berichten von Piloten soll auch kräftiger Schwefelgeruch in der Luft liegen.

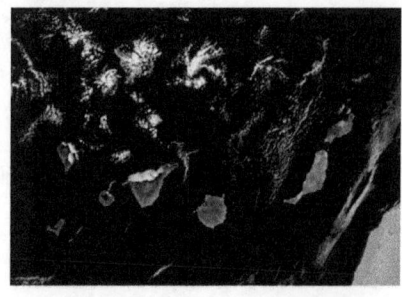

Auch auf den Satelliten Aufnahmen der NASA kann aus dem All der grüne Schleier erkannt werden.

Die Aufnahme links ist eine Vergrößerung aus obiger Gesamtaufnahme. Der Bereich von 4 Seemeilen um die Eruptionstellen ist zum Sperrgebiet erklärt worden. Auf der Wasseroberfläche treibende Korallen, tote Fische und Wasserproben kamen zur näheren Untersuchung ins Labor. Der Vulkan im Untergrund ist weiter am arbeiten. Es gab neue Erdstöße von 1,7 im Süden und der Inselmitte. Eine große Veränderung der Lage hat sich in den letzten Stunden jedoch nicht ergeben.

Freitag, 14. Oktober 2011 - 10:39 Uhr
El Hierro - Der Vulkan arbeitet sich vor

Der Lavaschlamm auf der Meeresoberfläche hat sich inzwischen über mehrere km² ausgebreitet und bekommt weiteren Nachschub von den bisher bekannten zwei Vulkanschloten am Meeresgrund.

Das für heute erwartete Forschungsschiff Leon Thevenin wird von seiner französischen Betreiberfirma für nicht geeignet bzw. im Moment als nicht einsatzfähig gehalten und kommt nicht zum Einsatz. Dafür wird aus Gran Canaria ein kleineres Schiff mit einem kompletten Labor, jedoch ohne Unterwasser- Roboter, heute auf der Insel eintreffen. Ob damit das Rätsel der Hotspots aufgelöst werden kann, halte ich für fraglich.

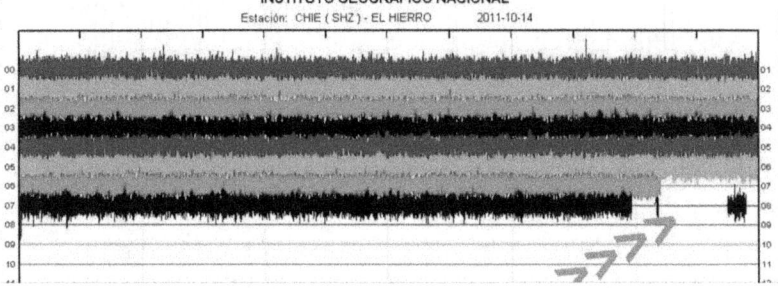

Der Tremor, also die Erschütterungen die von aufsteigenden Magmamasse erzeugt werden, hat heute Morgen mehrmals ausgesetzt (siehe Pfeile). Ob sich dem Magmaaufstieg neue Hindernisse in den Weg gestellt haben oder der Magmanachschub ausbleibt, kann ich im Moment nicht zuordnen. Auch gab es in der vergangen Nacht Erdstöße von ML1,7 und ML1,8 im Südteil der Insel.

Nachtrag um 10.48 Uhr - Es war wohl nur ein Schluckauf des Vulkan - Erdstoß um 8.55 Uhr der Stärke 2,6 - Hindernis weggeräumt - Magma läuft normal weiter.
Oft werde ich gefragt, warum auf der Tabelle die aufgezeigte

Häufigkeit von Erdstößen in den letzten Tagen so stark abgenommen hat.

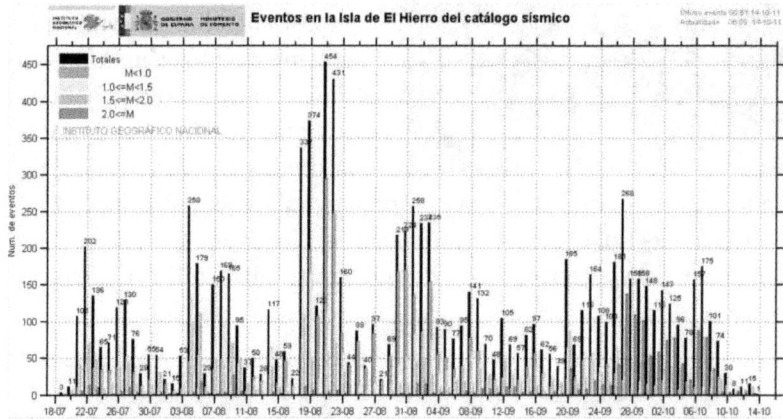

Waren es in der Vergangenheit täglich hunderte Beben, so sind es heute nur einige wenige aufgezeigte Stöße am Tage. Das lässt sich so erklären, dass inzwischen die Magma fließt und ihren Weg an die Erdoberfläche gefunden hat. Sie erzeugt dabei ein ständiges Grummeln, das als Tremor sich auf der ersten Tabelle abzeichnet. Eine Art Dauerbeben - als würden Kolonnen von Panzer an ihrem Haus vorbei rasseln. In diesem Hintergrundrauschen gehen alle Beben mit geringer Stärke unter. Wenn jeder Tremor aufgezeichnet würde, müsste die Tabelle um einiges nach oben verlängert werden.

Freitag, 14. Oktober 2011 - 17:07 Uhr
Vulkan - Freud und Leid oder meine philosophische Zwischenbemerkung

Über die Menschen habe ich bisher noch wenig erzählt. In fast allen Medien ist die letzten Tage über den oder den kommenden Vulkan auf El Hierro berichtet worden. El Hierro ist in aller Munde. Der eine freut sich, der andere überlegt seinen Urlaub zu

verschieben oder ein anderes Urlaubsziel zu wählen, viele
beobachten nur die spannenden Ereignisse auf der Insel, andere
erfasst Angst und wieder andere fühlen sich ruiniert.

Wie bei vielen Dingen im Leben, so gibt es auch zur Zeit auf und um
El Hierro Licht- und Schattenseiten und unterschiedliche Emotionen.

Fangen wir einmal mit denen an, die sich über einen Vulkanausbruch freuen.

Das sind zweifelsohne die Wissenschaftler. Genau die Vulkanologen, Geologen, Geographen, Mineralogen, Geochemiker und Geophysiker. Ob mit Studium oder Autodidakten und Hobbyfreaks. Einfach alle die sich von einem Vulkan faszinieren lassen.
Dann haben wir noch die Pressevertreter, Fotografen und vielleicht auch der Würstchenverkäufer, die sich einen guten Artikel, ein Foto oder einfach nur Umsatz erhoffen.
Für einen Wissenschaftler ist das Miterleben einer Vulkan-Geburt der absolute Höhepunkt seiner beruflichen Laufbahn. All sein jahrelang erworbenes theoretisches Wissen, kann er nun natural am lebenden Objekt auf Tauglichkeit überprüfen und seine visuelle Bestätigung mit seinen theoretischen Vorhersagen abgleichen. Neue Erkenntnisse gewinnen und die Wissenschaft weiter entwickeln. Vielleicht geht er auch in die Geschichte als Genie ein.
Wann hat er schon die große Möglichkeit so eine Sternstunde direkt vor Ort Live mitzuerleben. Vulkanausbrüche gibt es wohl häufiger, aber die Entstehung eines gänzlich neuen Vulkan, das gibt es nur bei uns auf den Kanaren (zumindest zur Zeit).

Der „verrückte Wissenschaftler" weicht im Allgemeinen ja auch erheblich von der gesellschaftlichen Norm ab. Dies ist schon seit der Antike ein Kennzeichen des eigenbrötlerischen Philosophen oder des zerstreuten Gelehrten.

Wir wissen auch, dass Milliardenschwere Flugzeugtechnik, Flugleitsysteme, Lotsen und Bordcomputer nichts hilft, wenn Mutter Erde es plötzlich einfällt, sich ziemlich störrisch zu verhalten und Dampf ablässt. Die Folge für das durchtechnisierte moderne Leben:

Ein paar Stunden reichen aus und am Himmel herrscht plötzlich Ruhe. Das Beispiel Island hat es gezeigt. Lassen wir also die Wissenschaft sich freuen und Wirken - zum Wohle Aller.

Dann haben wir noch „Diesen" der Aktion braucht

Auf etwas mehr Spektakel hatten sie schon gehofft, die Bewohner von El Hierro. Sagt jedenfalls Pucho Padrãn, der Wirt des Restaurants 'Don Din 2' in La Frontera, einer der drei Gemeinden des Eilands. Seit Mitte Juli hat die Erde hier 9972 Mal gebebt, als wollte sie den Bewohnern der Insel erstens in Erinnerung rufen, dass selbige vulkanischen Ursprungs ist und - zweitens - der Vulkan auch mal wieder ausbrechen könnte. Es geschah dann auch. Aber fünf Kilometer vor der Küste, vor dem Ort La Restinga, in tausend Meter Tiefe, am Montag gegen vier Uhr morgens, wie die Behörden am Dienstag auf einer Pressekonferenz bestätigten. Es machte nicht mal richtig blubb. 'Wir sind sehr enttäuscht', sagt Gastronom Padrãn: 'Man hat ja gar nichts gesehen.' - so gelesen in Süddeutsche.de

... und den Verzweifelten

Aus einem offenen Brief an das Nachrichtenmagazin "Spiegel-Online"

liebe Journalisten:
danke für Ihre Berichterstattung.
UND sind Sie sich eigentlich klar darüber, welchen wirtschaftlichen Schaden Sie der Insel EL HIERRO zufügen?

Ich habe ein kleines ländliches Hotel (Name - es wurde kürzlich im Zeitmagazin als Geheimtipp genannt)
Bei mir haben bis Dezember alle Gäste abgesagt; hier im Golfo Tal mussten viele Restaurants schließen. Die Presse berichtet sensationslüstern, schreibt wenig abgewogen und ist nur halb informiert.
Beispiel: Die Punkte auf der Landkarte markieren zwar Erdbewegungen, diese wurden jedoch von den empfindlichsten seismologischen Geräten registriert, die es heutzutage gibt; d.h. von ca. 10000 Bewegungen haben wir ca. 58 gespürt und zwar so, als würde draußen auf der Straße ein schwerer Lastwagen vorbeifahren und die Wände etwas vibrieren lassen.
Die ganze Welt glaubt natürlich, hier bebt es alle zwei Minuten.DAS IST NICHT SO!!!WIR SIND VOLLKOMMEN RUHIG, UNS GEHT ES GUT; WIR HALTEN ZUSAMMEN UND HELFEN UNS GEGENSEITIG WO WIR NUR KÖNNEN.
Sie bringen ein wunderschönes DPA Foto vom Golfo Tal mit dem Untertitel "El-Golfo-Tal auf El Hierro: Gigantische Lawinen" : Was soll das heißen in diesem Zusammenhang: GIGANTISCHE LAWINEN?? Was meinen Sie damit???
Wenn Sie uns helfen wollen, berichten Sie bitte sachlich; bedenken Sie, dass Menschen Ängste haben und dass es niemandem hilft, diese Ängste zu schüren!
Ich lade gern mutige Journalisten zu einem Aufenthalt bei uns ein; und bitte Sie alle, POSITIV über uns zu berichten, sich MENSCHLICH zu engagieren und mit der reißerischen Berichterstattung aufzuhören.
Wer etwas mehr über ein soziokulturelles Projekt der Insel EL HIERRO erfahren möchte, kann sich unter Name informieren (und sich sogar eine wundervolle CD mit der Weltmusik von EL HIERRO bestellen) und gemeinsam mit uns auf die Geburt von Europas jüngstem Vulkan warten!!! Saludos vom Tanz auf dem Vulkan
Das sind nur einige Stimmungsbilder von El Hierro. Der Hauptteil

der Herrenos ergibt sich seinem Schicksal. Sie sind es gewohnt und wissen seit Generationen, dass sie auf einem Vulkan leben und auch in Zukunft leben werden.

Kommentar:
„Wir haben schon vor längerer Zeit im Dezember 2 Wochen Urlaub auf La Palma gebucht und hoffen, das wir bis dahin der Vulkan sich bis an die Wasseroberfläche hochgearbeitet hat. Dann würden wir versuchen, einen Abstecher nach El Hierro zu machen.
Als Vulkanologe Vorhersagen zu machen ist eine undankbare Sache, überschätzt man das Risiko - sind viele wütend wegen des wirtschaftlichen Schadens. Unterschätzt man das Risiko stehen unzählige Menschenleben auf dem Spiel.
Doch sollte sich jeder bewusst sein, das nicht Vulkanologen sonder Vulkane die Menschen in Bedrängnis bringen. Erstere geben nur nach besten Wissen ihre Meinung ab.
Und je mehr Vulkanologen den Mut haben sich zu äußern, um so eher kann man als Außenstehender das Risiko abschätzen.
Auch wenn "nur" ein Vulkan unter Wasseroberfläche entstanden ist, so sollte man sich doch bewusst sein, das El Hierro eine turbulente Vergangenheit hinter sich hat. Und es keinen Grund gibt das nur weil El Hierro jetzt dicht besiedelt ist, ab jetzt nur noch kleine Vulkanausbrüche zu erwarten sind.
Die Geschichtsbücher sind voll von Geschichten, wo bei bei Vulkanausbrüchen 10.000 Menschen ums leben kamen. Immer konnte sich dabei vorher niemand ernsthaft vorstellen, das der Vulkan der tausende Jahre Ruhe gab auf einmal zum Massenmörder wird.
Das Vertraute wird mit der Zeit sympathisch - das ist meiner Meinung nach die größte Gefahr der Vulkane. Da braucht es jemanden, der die Bewohner wach rüttelt."

Samstag, 15. Oktober 2011 - 10:12 Uhr
El Hierro Vulkan - weitere Erdbeben

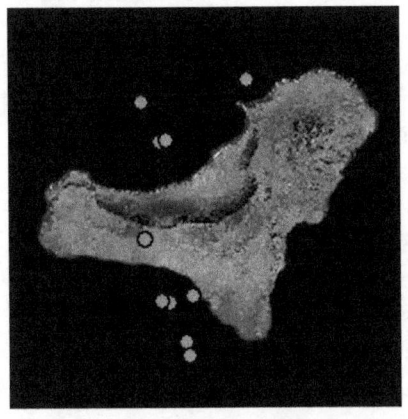

Die Vulkansituation heute Morgen zeigt keine großen Veränderungen zum Vortag. Wieder gab es eine Reihe von Beben. Das Stärkste mit 2,7 auf der Richterskala um 3.52 Uhr im Süden. Jeder rote Punkt kennzeichnet einen Erdstoß innerhalb der letzten 24 Stunden. Ein klares Zentrum der Beben ist nicht auszumachen. Beunruhigend sind die nun wieder verstärkt auftretenden Erdstöße im Norden vor dem Golfotal. Die Punkte zeigen in etwa die Umrisse der Magmakammer im Untergrund, die sich von Süden nach Norden erstreckt. Ein besonderes Augenmerk verdient der Punkt im Inselinnern, oberhalb des Golfo- Kraterrandes. Diese exponierte Stelle um den Berg Tanganasoga, - ich habe davon schon mehrfach geschrieben - könnte im Falle einer Eruption einen gewaltigen Erdrutsch auslösen, mit fatalen Folgen für das darunter liegende Golfotal.

Damit Sie einen Eindruck von den steilen Felswänden die über 1000m in den Himmel ragen bekommen, eine Aufnahme direkt aus dem Kraterkessel. Inzwischen haben auch offizielle Stellen anscheinend die Gefahr erkannt und drei Geologen vom Instituto Geologie y Minero mit der Untersuchung über die Abrutschgefahr dieser Steilhänge beauftragt. Auch das IGN schließt inzwischen nicht mehr aus, dass in den nächsten Tagen Erdbeben von 4,0 und mehr Erdrutsche und Steinschlag auslösen können.

Die Gaskonzentration, insbesondere die CO^2 Werte, über den Eruptionstellen im Süden sind stark angestiegen. Die beobachtete Meeresverfärbung von grün auf gelb-braun ist wahrscheinlich auf einen jetzt erhöhten Bimssteingehalt des Meereswasser zurück zuführen. Dies zeigt, dass die Vulkanschlote inzwischen nicht nur Gase, sondern jetzt auch Lava ausstoßen. Genauere Ergebnisse werden die Vorort-Untersuchungen des gestern Abend eingetroffenen Forschungsschiffes aus Gran Canaria ergeben.

Das Armee Patrouillenboot "Medas" wird die Einhaltung der 4 Meilen Sperrzone rund um die Eruptionstellen überwachen. Soviel zunächst, weiteres im Laufe des Tages.

Samstag, 15. Oktober 2011 - 16:47 Uhr
Vulkan - jetzt wird einiges klarer

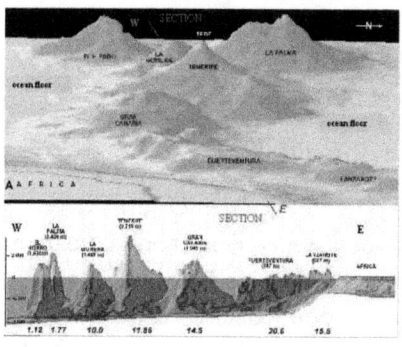

Um die Lage der Kanarischen Inseln besser verstehen zu können, schauen Sie sich einmal die Grafik an. Sie ist wohl nicht maßstabgetreu, zeigt aber deutlich, dass der größte Teil der westlichen Inseln und dazu gehört auch El Hierro, unter dem Meeresspiegel liegt. Nur die Inselspitzen ragen über die Wasseroberfläche. Die Meerestiefe zwischen El Hierro und La Palma liegt z.B. bei ca. 3500m.

Nach dem Instituto Geográfico Nacional (IGN), ist die Meereseruption von El Hierro eine sogenannte Spalteneruption. Das bedeutet, dass sie sich nicht an einem genau definierten Punkt abspielt, sondern auf einer Linie.

Die fragliche Spalte befindet sich in S-N Richtung und verläuft vom südlichen Meeresteil bei Restinga unter der Insel hindurch bis weit über das Golfotal hinaus. Die Länge wird mit 20 - 30 km definiert. Dies ist der Grund warum die Vulkanologen vom IGN für den Moment nicht ausschließen wollen, dass die vorhandene Spalte einen oder auch weitere Eruptionspunkte entwickelt, die dann auf der Insel selbst liegen können. Diese neuen Eruptionen können stärker und wesentlich gefährlicher werden.

Inzwischen hat sich auch die Verformung verstärkt, wie jüngste GPS-Messungen ergaben. Durch den ansteigenden Druck in der Magmakammer hat sich eine Art Blase entwickelt, die den betroffenen Inselteil um 35mm angehoben hat. Auch die Lage zu den Nachbarinseln hat sich um einige cm verändert.

Den Wissenschaftlern bleibt im Moment nichts anderes übrig, als aufmerksam das Naturgeschehen zu beobachten und rechtzeitig zu warnen.

Fündig wurde man auch bei der Suche nach einem Unterwasser-Roboter. Der ursprünglich anvisierte französische Roboter der France Telecom Marine, kam nicht wegen mangelnder Eignung zum Einsatzort, so wie es offiziell zu hören war. Tatsache ist, dass weder die spanische noch die kanarische Regierung für eine evtl. Beschädigung oder den Verlust haften wollten, worauf der Betreiber ein Engagement ablehnte. Der neue Unterwasser-Roboter, auch ROV (Remotely Operating Vihicle) genannt, ist ein Liropus 2000 und gehört dem Ozeanographischen Institut in Barcelona, also einer staatlichen Einrichtung. Er wurde erst vor wenigen Monaten für 1,4 Mill. Euro angeschafft, taucht locker 2000m tief und ist bisher, außer zu Testzwecken, noch nicht eingesetzt worden. Mit seiner

hochauflösenden Kamera und einer Beleuchtungsanlage von 17.000 Lumen erhoffen sich die Wissenschaftler genaue Einblicke in die entstandene Vulkanspalte zu gewinnen. Mit seinem Greifarm kann er auch Lavaproben aus großer Tiefe einsammeln.

Das Mutterschiff "Ramon Margalef", Kostenpunkt 18 Mill. Euro, dient als Leit- und Kontrollzentrum. Auf ihr haben 11 Forscher und 12 Besatzungsmitglieder Platz. Wenn wir schon bei den Kosten sind: Ein Einsatztag wird mit 15.000 € veranschlagt. Diese Einsatzeinheit wird aber noch einige Tage auf sich warten lassen. Die "Margalef" liegt zur Zeit noch im Hafen von Vigo in Nordspanien und wird frühestens Mitte nächster Woche vor El Hierro einlaufen. Es stellt sich natürlich nun die Frage, warum man sich nicht bereits vor Wochen um einen geeigneten und verfügbaren ROV gekümmert hat. Aber das ist hier halt einmal so!

Absperrung oberhalb von La Restinga/ Foto: Leser Detlef Walter

Erstmals durften heute die Bewohner von La Restinga für eine Stunde in ihre Häuser zurückkehren, um notwendige Dinge zu holen. Bei der überstürzten Evakuierung blieb Ihnen vor einigen Tagen dafür keine Zeit. Übereinstimmend berichteten sie von einem penetranten Schwefelgeruch in den Straßen des Ortes und verstehen nun langsam, warum ihr Ort evakuiert werden musste.

Samstag, 15. Oktober 2011 - 17:16 Uhr
Lava kommt an die Meeresoberfläche

Die Hubschrauberbesatzung hat im Eruptionsgebiet von Restinga **erstmals qualmendes Lava an der Wasseroberfläche geortet**. Vieles deutet daraufhin, dass sich ein neuer Schlot in 120 - 150m Tiefe geöffnet hat. Es wurde eine Flugverbotszone erlassen. Das Forschungsschiff wurde in den Hafen zurück beordert. Die Sperrzone an Land wurde vergrößert.

Samstag, 15. Oktober 2011 - 18:54 Uhr
Explosiver Vulkanausbruch in den nächsten Stunden

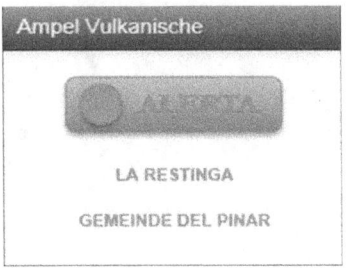

Soeben hat die Kanarische Regierung in einer offiziellen Mitteilung den bevorstehenden Ausbruch eines explosiven Vulkan in flachem Wasser bei Tacoron bestätigt. Die Eruption soll in nur 150m Wassertiefe erfolgen. Der Ausnahmezustand wurde ausgerufen. Alle Katastrophen- und Sicherungskräfte setzen nun die geplanten

Maßnahmen um. Sie gab den Befehl alle Zugänge zu La Restinga komplett zu schließen und den Luft-, Schiffs- und Straßenverkehr in diesem Bereich zu verbieten.
Sobald ich neue Informationen habe, melde ich mich.

Kommentar:
Welch Dramatische Meldung! Waren wir doch erst im Mai wie jedes Jahr zum Baden am Tacaron, ein wunderbare Ort weit weg von der Zivilisation in der Lavawüste. Wir wünschen der Bevölkerung von La Restinga, das Sie rasch wieder in Ihr Fischerdorf zurückkehren dürfen. Wir werden Sie sicher wieder besuchen, um Fische für ein feines Essen zu holen.

Samstag, 15. Oktober 2011 - 23:28 Uhr
El Hierro Vulkan - warten auf den großen Knall

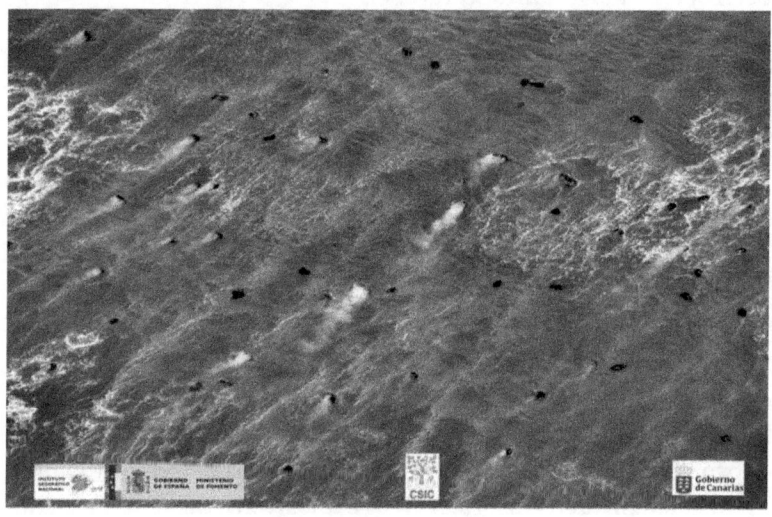

Glühende und rauchende Lavabrocken auf der Wasseroberfläche
Der Vulkanausbruch lässt auf sich warten. Alle warten auf die große

Eruption. Vulkane sind unberechenbar und lassen sich nicht in die Karten schauen. Alle Evakuierungen und Vorbereitungen sind abgeschlossen.

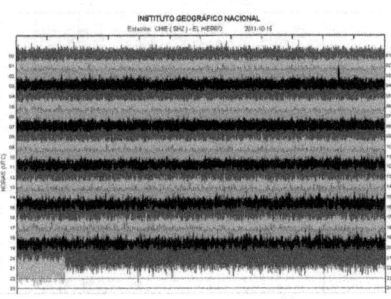

Die kumulierte Energiekurve tritt auf der Stelle.

Auch der Tremor (Erschütterungen des aufsteigenden Magma) auf der Tabelle verläuft gleichmäßig.

Mehrere Erdstöße der Stärke 1,8 Richterskala heute Nachmittag im Meer vor dem Golfotal. Jetzt heißt es abwarten und Tee trinken.

Kommentare:
„Für den Fall eines Ascheausstoß, der auf die untersten 2 km der Atmosphäre beschränkt bleibt, wird alles mit dem starken Nordostwind von den Inseln wegtransportiert.
Sollte allerdings was bis in ca. 5 km Höhe gelangen, sind auch die anderen Inseln betroffen.
Da es aber kein normaler Vulkanausbruch ist, und wegen der Tätigkeit im Meer auch kein herkömmlicher Ascheregen (heiß, trocken, weit zu verdriften) zu erwarten ist, sind das auch nur Mutmaßungen."

„Woher kommen ihre Kenntnisse? Sind sie Vulkanologe?

Ich hoffe es geht einigermaßen gut aus. Hoffe nur das die Einwohner gut dabei wegkommen. Das ihnen nichts passiert. Ich bin, muss ich ehrlich gestehen ein Fan von Vulkane. Klingt vielleicht etwas " blöd" aber ich wäre gerne vor Ort."

„Ich bin Berufsmeteorologe. Über die Bildung und Zusammensetzung einer Aschewolke kann ich natürlich nichts sagen, nur über die vorherrschenden und künftigen Windverhältnisse im Bereich der Kanarischen Inseln."

„Ein Wort zu dem Graphen: Dabei handelt es sich nicht um den vorherrschenden Druck im Erdinneren (wie auch sollte dieser gemessen werden?) sondern um die Menge an freigesetzter Energie in Form von Beben über die letzten Wochen bzw. Monate. Schön zu erkennen wie am 5.10. das M4.x Beben registriert wurde. Da die Bebenaktivität im Vergleich zu den Vorwochen rapide abgenommen hat, tritt dieser Graph eben "auf der Stelle" - es wird grade schlicht und ergreifend nicht mehr soviel Energie abgegeben."

„Herzlichen Dank für die ausgewogene, tägliche Berichterstattung. Auch ich bin über die Berichte in den deutschen Medien langsam genervt!!!
Von Recherche, das A und O eines guten Journalismus, hält die heutige Journalisten-Generation scheinbar nicht viel."

Die Geburt einer neuen Insel ?

Sonntag, 16. Oktober 2011 - 9:12 Uhr

El Hierro Vulkan - Entsteht eine neue Insel?

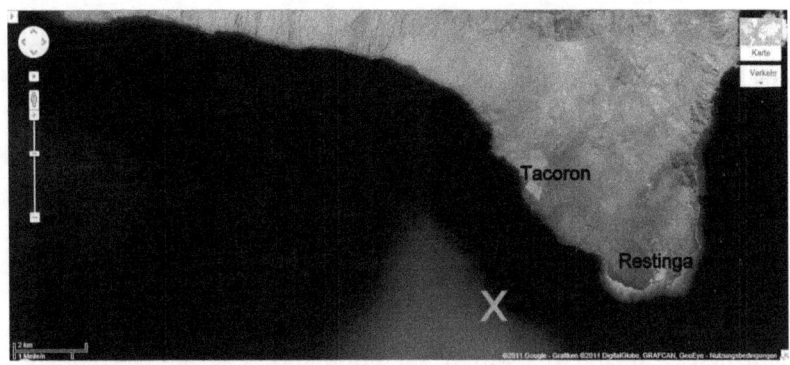

Das ist die ungefähre Ausbruchstelle. Bekannt ist: 2,4 km von der Küste entfernt, in 150m Tiefe. Das Meer ist normal in diesem Bereich 500 - 600m tief. Einheimische Fischer, die seit 40 Jahren dort Fischen behaupten aber, auf dem Meeresboden befinde sich dort eine Erhebung und sie hätten nach 150 m Bodenkontakt. Diese Version wurde auch in die offiziellen Verlautbarungen übernommen.

Aufgrund der Sperrzone ist es nicht möglich näher als 2 km an die Ausbruchsstelle heran zu kommen. Auch für die reichlich angereisten Journalisten besteht kein Sichtkontakt. Nur Wissenschaftler sind zur Zeit in diesem Gebiet aktiv und die haben sicher im Moment wichtigere Dinge zu erledigen als Interviews zu geben.

In der Nacht gab es wieder zwei Erdbeben, um 1.18 Uhr - 2,0 Richterskala im Süden um 2.09 Uhr mit 1,9 im Golfobereich. Der Tremor läuft normal weiter - Änderungen sind nicht zu verzeichnen.

Der Ausbruch läuft. Nach Meinung des Wissenschaftlers Ramon Ortiz von der CSIS (Centro Superior de Investigaciones Cientificas) handelt es sich um den Vulkantyp: Surtseyana - der gleiche Typ wie Anak- Krakatau.

Der Ablauf könnte sich in 4 Phasen gliedern.

1. Phase: Austritt von Lava und Gasen - in dieser Phase befinden wir uns im Moment

2. Phase: Weißer Dampf tritt aus

3. Phase: Explosionen erfolgen und schwarzer Rauch kommt zum Vorschein (Rooster genannt)

4. Phase: Anwachsen einer Insel

Vielleicht erleben wir die Entstehung einer neuen Insel. Das wäre natürlich auch eine tolle Möglichkeit und könnte vielen Herrenos über ihr Leid und die Angst vielleicht hinweg helfen. Noch ist es aber nicht soweit, das schlimmste steht erst noch bevor. Wie gewaltig wird der Ausbruch erfolgen ? Welche Auswirkungen hat er auf die Insel und die Umgebung ?

Merke: Ein Vulkan ist unberechenbar und vom Menschen nicht lenk- und steuerbar. Die Urgewalt pur.

Was vermuten wir noch ? Die Austrittsöffnung am Meeresboden ist ungefähr 1m² groß. Klein - aber durch dieses Loch wird sich die Magma zwängen, bevor sie zur Lava wird.

Erst wenn der "Lavaberg" bis 60 m unter die Meeresoberfläche angewachsen ist, wird er erkennbar.

Die Windverhältnisse sind wie immer, leichter beständiger N/O Wind mit jetzt 3,1 km. Eine Aschewolke würde also über den S/W Atlantik verstreut werden. Erst ab einer Höhe von 5 km ändern sich die Windverhältnisse.

Sonntag, 16. Oktober 2011 - 13:02 Uhr
El Hierro - Ruhe und Idylle vor dem Sturm

Fast zu schön um wahr zu sein - das sind Aufnahmen von Wissenschaftlern der IGN die gestern Nachmittag gemacht wurden. Sie zeigen mit Blick über La Restinga den Kreis und Umfang der Meeresverfärbung. Genau dort in 150 m Meerestiefe ist der Vulkan eruptiert. Noch ist an der Wasseroberfläche wenig zu sehen. Das kann sich jedoch schnell ändern. Dann erleben wir vielleicht die Geburtsstunde einer neuen Insel mit. Sie hören vielleicht etwas meine Begeisterung heraus, aber wann hat man schon im Leben die Chance einen Vulkanausbruch oder gar die Entstehung einer neuen Insel mit zu erleben.

Inzwischen gibt es bereits auf Facebook eine spanische Seite Bautiza la octava - taufe die Achte (Insel), so der Gruppenname. Es wird wohl nicht die achte kanarische Insel sein, da wir bereits sechs Nebeninseln und einige kleinere unbewohnte Felseninseln haben. Aber das tut der Sache keinen Abbruch. Wissenschaftlich hat die Neugeburt bereits auch einen Namen und heißt schlicht: **1803-02**

Sonntag, 16. Oktober 2011 - 20:50 Uhr
El Hierro Vulkan - Riesige Gasblasen steigen auf

Inzwischen steigen aus dem Eruptionkrater riesige Gasblasen auf.

Alle 15 bis 20 Minuten treffen sie blubbernd an der Meeresoberfläche ein. Das ist typisch für die Phase 1 die ich heute morgen beschrieben habe. Jetzt geht man davon aus, dass sich die Ausbruchsstelle bis auf weniger als 100 m an die Wasseroberfläche heran gearbeitet hat.

Foto: La Provincia

Ab 60 m beginnt die heiße Phase oder die Phase 2 wie die Wissenschaftler sagen. Wasserdampf tritt aus und das Meer beginnt förmlich zu kochen. Wenn nun noch glühende Lava dazu kommt, dann kommt es nämlich zu den gefürchteten Explosionen - und davor hat hier jeder Angst.
Wir wissen nicht welche Mengen der Vulkan in welcher Zeit auswirft. Je mehr Lava desto größer die Explosionen.

Auch die Verformung der Insel hat sich heute unterschiedlich geändert. Es waren meist Deflationen. Nach den GPS-Messungen könnten im Untergrund mehrere Systeme wirken. Das könnte heißen, dass sich auch an anderen Orten Vulkanschlote öffnen werden. Es bleibt also spannend.
Drei Erdbeben haben wir heute erlebt, die alle im vermuteten Spalt aufgereiht lagen. Zwei auf der Golfseite und eines im Süden. Das Beben im Süden bei Tacoron um 13.23 Uhr hatte eine Stärke von ML2,5. Die Geologen werten es nicht als Beben, sondern vermuten aufgrund der eigenartigen Muster, eine Explosion. Was das nun im

Einzelnen zu bedeuten hat, konnte ich noch nicht erfahren.

Montag, 17. Oktober 2011 - 10:31 Uhr
El Hierro - Fragwürdige Entscheidung

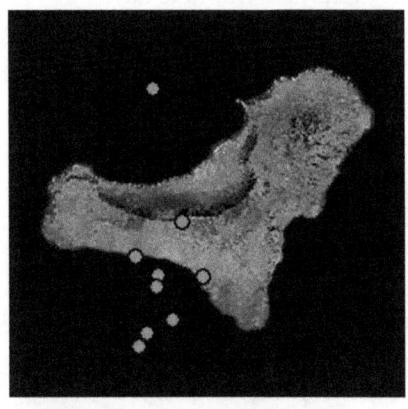

Die Lage ist unverändert. Die letzten größeren Beben haben sich um das Golfotal ereignet. Ein Erdstoß um 18.38 Uhr der Stärke ML1,9 in 23 km Tiefe und um 6. 00 Uhr am Morgen von 1,7 in 18 km Tiefe.
Unsere "Neue Insel" im Süden spuckt weiter Lava und große Gasblasen aus. Ich hoffe im Laufe des Tages einige neue Bilder einstellen zu können.
Das Tagesgespräch ist ganz anderer Art. Auch ich musste mehrmals nachlesen und Nachfragen um die Brisanz dieser Entscheidung zu verstehen.
Gestern war unser Kanarenpräsident Paulino Rivero vom Gobierno de Canarias vor Ort um sich persönlich ein Bild der Lage zu verschaffen. Ein auch von mir hoch geschätzter Mann - zumindest bis gestern.
Seine Aussage mit meinen Worten:
"Die evakuierten Bewohner vom Ort La Restinga, dürfen innerhalb von 24 Stunden wieder in ihre Häuser zurückkehren. Es werden strenge Sicherheitsmaßnahmen ergriffen. Das soll die Installation von Hydrophonen (eine Art Unterwassermikrophon) und ein Sirenensystem sein, mit dem im Ernstfall die Bevölkerung schnell gewarnt werden kann. Alle Bewohner haben dann rasch auf eigene Faust La Restinga zu verlassen und Zuflucht in El Pinar und Valverde zu suchen.

Ebenfalls wiedereröffnet wird innerhalb von 24 Stunden das 2 km lange Verbindungstunnel aus dem Golfotal für bestimmte Personengruppen bzw. Fahrzeugtypen."

Eine politische Entscheidung die mit dem Katastrophenstab "Pevolca" angeblich abgestimmt wurde, in dem auch Wissenschaftler sitzen. Eine Maßnahme die bei mir nur ein "Kopfschütteln" hervor ruft.
Sicher sind die Bewohner durch die Sperrungen massiv beeinträchtigt und in ihrer beruflichen und wirtschaftlichen Tätigkeit teilweise sogar existenzgefährdend. Dafür aber das Leben von Menschen auf das Spiel zu setzen, halte ich für verantwortungslos.

Das Interesse an diesem Blog hat selbst mich überrascht. Gestern allein waren es fast 6000 Besucher und sehr viele Mails.
Ich danke an dieser Stelle für die vielen Ermunterungen, Berichtigungen, Ratschläge, Hinweise, Danksagungen und lieben Grüße. Bitte verstehen Sie, dass ich als Hobbyschreiber nicht alles beantworten kann. Deshalb an Alle nochmals ein herzliches Dankeschön. Ich werde so weiter machen!
Um mir vielleicht die Arbeit etwas zu erleichtern und Ihnen eine schnelle Antwort auf ihre Fragen zu geben, schlage ich vor, mehr die Kommentarfunktion unter dem Artikel zu nutzen. Unter unseren Lesern sind auch Vulkanologen, Geologen, Meteorologen, Touristikmanager, vielleicht auch Politiker und andere Fachleute. Ich bin mir fast sicher, das Sie aus berufenem Munde eine fachkundige Antwort erhalten. Danke !

Montag, 17. Oktober 2011 -16:59 Uhr
El Hierro - das wissen nur die Götter

Ein neues Beben mit 2,5 auf der Richterskala hat um 12.55 Uhr den Süden von El Hierro erzittern lassen. Nach Überzeugung von

Vulkanologen kann es noch bis zu 2 Wochen dauern, bis sichtbar die neue Insel entsteht.
Inzwischen erreicht mit der Meeresströmung erstes Lavamaterial den Hafen von La Restinga.

Heute Abend um 19. 00 Uhr soll bei einer Krisensitzung entschieden werden unter welchen Bedingungen die Anwohner von La Restinga in ihre Häuser zurückkehren können. Die Unterwasser- Hydrophone sind inzwischen installiert.
Für mich und selbst für viele Anwohner ist es völlig unverständlich, warum bei der höchsten Alarmstufe "Rot", die weiter besteht, die Rückkehr nach Restinga erlaubt wird.

So gibt es dazu auch entsprechende Stimmen, die eine Lokalzeitung eingefangen hat.
Ein junger Restaurantbesitzer sagt: Ich öffne zwar mein Lokal, meine Frau und mein Kind bleiben aber in El Pinar wo ich nach Lokalschließung auch wieder hin zurückkehren werde oder ...
Eine Frau winkt ab "Ich muss meinen alten Vater versorgen, dem mute ich eine evtl. Evakuierung in der Nacht nicht zu. Ich muss jetzt schon Pillen nehmen um überhaupt schlafen zu können."
Der nächste Punkt bei der Krisensitzung ist die Wiedereröffnung des Golf-Tunnels. Wie heute bekannt wurde, sind die drei angeforderten Bergbauingenieure, die die Sicherheit des Tunnels untersuchen und beurteilen sollen, erst heute angereist.

Erstaunen über Erstaunen. Selbst mir fehlen die Worte, obwohl ich die Eigenarten und die Mentalität der Menschen und der Politik hier seit 15 Jahren gewohnt bin.

Die Zeitung Laprovincia.es hat heute eine aufschlussreiche Grafik zu den möglichen Optionen einer Unterwasseruntersuchung durch die Forschungsschiffe "Ignacio Lazano", das seit heute wieder im Einsatz

ist und der "Ramon Margalef" veröffentlicht. Die Margalef soll am Abend in Vigo in Nordspanien zu ihrer Exkursion nach El Hierro starten. In 3 Tagen wird sie vor Ort sein.

Welche farblich völlig unterschiedliche Schichten ein Vulkan - bei zeitlich unterschiedlichen Eruptionen - hin zaubern kann, zeigt mein Foto unten. Es entstand nicht auf El Hierro, sondern auf der Nachbarinsel La Palma im Norden bei Barlovento.

Kommentare:
„Möchte mich sehr herzlich bei Ihnen bedanken, dass Sie uns so umfangreich und nüchtern über die Geschehnisse auf El Hierro informieren. Verfolge ihren Blog jeden Tag.
Möchte nicht in der Haut von den Bewohnern in Restinga stecken. Obwohl ich nur ein Laie bin, finde ich es unverantwortlich, dass die Bewohner zurück in ihre Wohnungen bzw. Häuser können. Die Vulkane sind so unberechenbar, sie können doch sehr schnell ausbrechen. Ich denke mir, dass es passieren kann und man nicht so schnell den Ort verlassen kann. Wenn jemand zu Schaden kommt, heißt es dann selber Schuld."

„Vorsicht - eine erlaubte Rückkehr nach La Restinga muss in den Medien nicht zwangsläufig bedeuten das Tante Erna und Onkel Karl-August aus Deutschland dort nun wieder Schlauchboot fahren und abends bei Pedro Essen gehen dürfen.
Inzwischen steht ziemlich genau fest, wie viel Wasser noch zwischen dem sich aufbauenden Schlot und der Meeresoberfläche liegt. Es sind wohl zwischen 100-150 Meter. Die meisten Wissenschaftler halten daher das Risiko dato für berechenbar, wenn die Einwohner vorläufig zurück kehren. Eine dauerhafte Rückkehr ist das nicht. Das werden die meisten wohl wissen.
Ich denke das den allermeisten Einwohner klargemacht wurde, das in den nächsten Wochen eine sehr hohe wahrscheinlich besteht das La Restinga von einer meterhohen Ascheschicht bedeckt werden könnte. Das bedeutet dann zwangsläufig das Ende der Stadt. Die Stadt ist dann unbewohnbar bzw. sogar zerstört.
Daher halte ich es für löblich, wenn den Einwohner unter den wachsamen Augen der Wissenschaftler es noch ermöglicht wird ihre sieben Sachen zu packen. Für einige dürfte es vielleicht das Ende ihres Land.- und Immobilienbesitzes bedeuten.
Tritt das ein was zur Zeit durchaus nicht unwahrscheinlich ist, dann ist in 2-3 Wochen mit einer 5-10 km hohen Aschewolke zu rechnen

und kurzfristig dürfte es auch zu Überlegungen kommen, die eine komplette Evakuierung der Insel vorsehen könnten.
Bei solch einem erheblichen Auswurf an Asche dürfte der gesamte Flugverkehr auf allen Kanarischen Inseln zum erliegen kommen. Ich persönlich würde zum kommenden Monat November keinen Hin und Rückflug auf die Inseln buchen - wenn ich auf eine pünktliche Heimkehr angewiesen wäre.
Im Prinzip ein schönes und interessantes Naturschauspiel auf afrikanischen Inseln.
Für Tante Erna und Onkel Karl-August ist das alles natürlich eine ungeheuerliche Katastrophe und sie werden noch Jahre später in Deutschland davon erzählen. Vielleicht sind sie es auch, die Jahre später den Pedro auf El Hierro in einem viel schöneren Restaurant als vorher besuchen."

Dienstag, 18. Oktober 2011 - 8:37 Uhr
Vulkan - Späte Einsicht

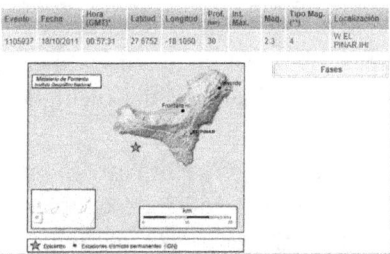

Zwei kräftige Erdbeben in der Nacht, das letzte (Karte) um 0.57 Uhr mit 2,3 und um 18.12 Uhr mit 2,2 auf der Richterskala, beide im Eruptionsgebiet, dürften nun die Phase 2 einläuten.
Sie erinnern sich, hier tritt weißer Dampf - meist Wasserdampf aus der Eruptionsstelle aus. Der Tag wird es zeigen.
Deutlich zu sehen wie die Eruptionsstelle brodelt und kocht. Auch die jetzt noch schwachen Druckwellen die sich kreisförmig ausbreiten, sind gut zu erkennen.
Die Flugverbotszone wurde auf 5 Nautische Meilen (1Meile= 1,852 km) vergrößert. Der Umkreis von 9,2 km ist nun für private Flugzeuge tabu. Der Unterwasser Roboter ROV und sein

Mutterschiff, die "Margalef" befinden sich, trotz anderer Angaben, immer noch im Hafen von Vigo.
Späte Einsicht - aber gerade noch rechtzeitig, so könnte man die Entscheidung des Katastrophenstabes vom gestrigen Abend nennen. Das Ort La Restinga bleibt Sperrgebiet. Kein Anwohner darf zurück und sich in Gefahr begeben. Ich bin erleichtert, Sie erinnern sich an meine gestrige Meinung. Hat also doch in den Köpfen der Entscheidungsträger die Vernunft gesiegt.
Begründet wird dieser plötzliche Sinneswandeln mit erhöhten Gaskonzentrationen in Restinga und der nun doch zu kurzen Vorwarnzeit bei einer explosiven Eruption. Wahrscheinlich schauen die Herren ab und zu in diesen Blog und lassen auch andere Meinungen in ihre Gedanken einfließen.
Geöffnet dagegen wird der Tunnel im Golfotal von 8.00 bis 20.00 Uhr für Einsatzfahrzeuge, LKW über 3,5t und gefährliche Güter. Eine Maßnahme die ich so nicht unterstütze. Das geowissenschaftliche Gutachten über die Gefährdung durch Erdrutsch und Steinschlag wird erst in 10 Tagen fertig sein. Auch hat ein Geschäftsmann aus Frontera Klage beim zuständigen Gericht in Teneriffa eingelegt, da nach seiner Meinung seit Eröffnung vor 7 Jahren bis heute noch keine gültige Betriebserlaubnis vorliegt. Interessant und hier durchaus möglich.
Bei uns geht gerade die Sonne langsam auf. Wollen wir mal sehen was der heutige Tag uns so Neues bringt. Ich bleibe am Ball.

Dienstag, 18. Oktober 2011 - 11:52 Uhr
El Hierro Vulkan - Verschnaufpause

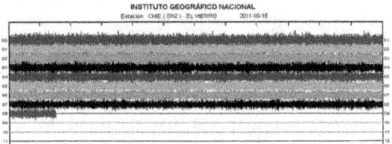

Der Tremor ist am Vormittag zurückgegangen. "Tremor" sind die in der Grafik darstellten Zitterbewegungen, die beim Aufstieg der Magma entstehen und ein schwaches "Dauerbeben"

verursachen. Auch wurde berichtet, dass die Aktivität der aufsteigenden Gase an der Meeresoberfläche schwächer wurden und das "Sprudeln" fast zum Erliegen kam.
Das alles hat nicht zu bedeuten, dass der Spuk vorbei ist. Vulkane sind unberechenbare Kameraden, die wie der Mensch, auch Atempausen einlegen. Schon heute Nachmittag kann es mit neuem und frischem Elan umso kräftiger weitergehen.

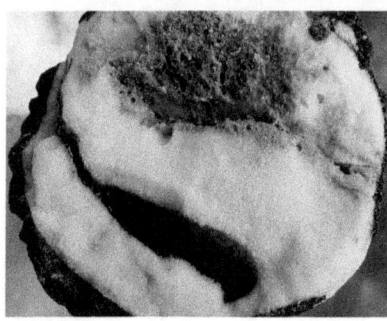

Dies sind die auf der Meeresoberfläche treibenden Lavaknollen. Sie wurden vom eingesetzten Forschungsschiff an Land gebracht. Nach den Beschreibungen sehen sie wie große Walnüsse aus.

Als Lava wird das ausgestoßene Produkt der Vulkane bezeichnet. Solange es sich noch im Vulkanschlund befindet, nennt man es Magma.
Es ist eine Silikatmischung aus Salzen und Ester und deren Kondensate, dem Urprodukt unserer Erde.

Je nach Beimischung kann die Farbe der Lavabrocken rot, gelb, grünlich oder schwarz sein. Die meisten Lavastücke sind porös und von vielen Luftkanälen durchzogen. Aus diesem Grunde sind sie in der Regel auch sehr leicht. Bimsstein oder der künstlich hergestellte Poroton Bausteine sollen für Sie als Gewichtsvergleich dienen. Diese gelbe Lava habe ich beim letzten Familien-Sonntagsspaziergang am Wegesrand auf La Palma aufgenommen. Aber auch interessante Strukturen und Muster hinterlässt die erkaltete Lava. Die sogenannte Stricklava, hier ein Brocken vom Tacoron Gebiet auf El Hierro, erinnert an ein gedrehtes Hanfseil (Namensgeber) oder an Omas selbstgestrickter Design-Pullover.

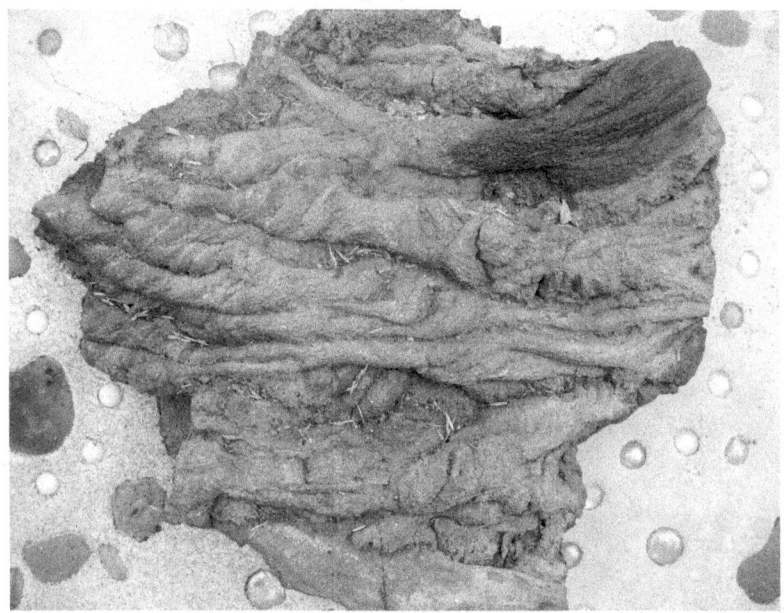

Dienstag, 18. Oktober 2011 -17:39 Uhr
El Hierro Vulkan - Siesta dauert an

Zum Vormittag haben sich keine großen Veränderungen ergeben. Vielleicht die Ruhe vor dem Sturm. Auch die Wissenschaftler bestätigen, dass diese Ruhephasen völlig normal für einen Eruptionsvorgang seien.
Erste Ergebnisse der Universität in La Laguna auf Teneriffa zum

Fischsterben liegen vor. Danach sind die treibenden toten Fische am Eruptionspunkt durch die Druckwelle getötet worden. Die Schwimmblase, der Magen und die Augen seien aus dem Körper getrieben worden. Auch Spuren von giftigem Gas habe man in der Hornhaut gefunden - so Maria Jose Caballo.
Durchgesickert ist auch, dass die Bewohner von La Restinga ihre jetzt außerhalb des Ortes anfallenden Mietkosten von der Inselregierung erstattet bekommen.

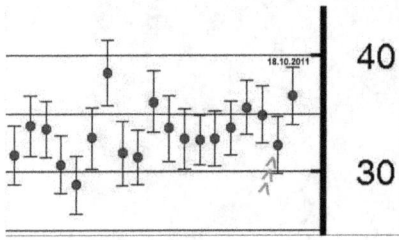

Der Druck in der Magmakammer steigt wieder an. Das ergeben die neuesten GPS Messungen. Die Pfeilmarkierung zeigt die Druckentlastung vor einigen Tagen bei der Eruption.
Inzwischen wölbt sich die Oberfläche von El Hierro wieder in die Höhe. Es sind wohl nur ca. 37mm, aber ein untrügliches Zeichen, dass die Magmakammer mehr Druck produziert als durch den Vulkanschlot an die Atmosphäre abgegeben wird.

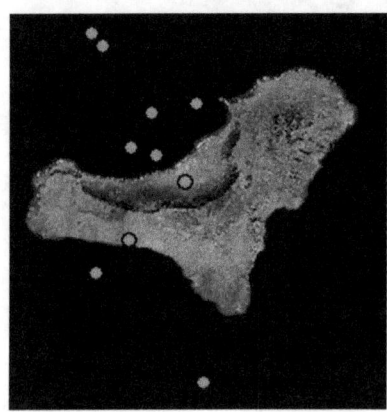

Bedenklich ist auch die Verlagerung der meisten Beben nach Nordwesten ins Golfotal. Heute gab es allein dort drei Erdstöße mit ML1,6. Hoffentlich übersieht man nicht durch die ständige Fixierung auf den Süden, eine neue Entwicklung an anderer Stelle. Die jetzige Eruptionstelle muss nicht der einzige Vulkanschlot bleiben.

Beim Ausbruch des San Juan 1949 auf La Palma gab es auch drei Öffnungen.
Wie unverfroren manche Reporter und sensationslüsterne Fotografen sein können, zeigte sich im Morgengrauen. Ein französisches Boot mit Fotografen fuhr unbeobachtet in die Sperrzone direkt bis zum lebensgefährlichen Meeresstrudel um Schnappschüsse zu machen. Die Polizei lenkte das Boot dann in den Hafen von La Restinga zurück. Warum ein Schiff, trotz militärischer Abschirmung beim Eindringen in ein Sperrgebiet unentdeckt bleibt, ist schleierhaft.

Kommentare:
„Das Chart ist doch bestimmt ein Auszug von der IGN-Website mit dem Titel "Medidas GPS". Diese zeigen aber horizontale Distanzen zwischen den einzelnen Stationen und keine Höhenveränderungen. Gibt es noch eine andere Quelle, die direkt die Höhenänderungen berichtet?"

„Zugrunde liegt liegt das IGN GPS Material. Bei zwei fixen Punkten lässt sich auch eine Höhenveränderung feststellen. Allerdings nur für einen partiellen Bereich. Insgesamt, aber nicht alle Meßstellen, haben Veränderungen gemessen."

„Kurz in zwei Sätzen einfach erklärt:
Wenn ich zwei fixe Punkte habe, die sich horizontal nicht bewegen, aber trotzdem Entfernungsunterschiede gemessen werden, dann müssen die sich entweder nach oben oder unten bewegen. Also vertikal verändern. Daraus kann ich eine Höhenverschiebung berechnen. Aus diesem Grunde gibt es mehrere Fixpunkte nicht nur auf El Hierro, sondern auch auf benachbarten Inseln."

„Wenn sich die Erdoberfläche durch eindringendes Magma domartig aufwölbt, dann gibt es an den Hängen natürlich auch eine horizontale Bewegung und die Hangneigung steigt. Kann man nachvollziehen, wenn man einen Luftballon aufbläst."

„Kann es nicht sein, dass genau dieser eventuelle Hauptschlot auch der Grund dafür ist, dass sich die Epizentren der Erdbeben auf der Nord- Süd Tangente der Insel bewegen? Die Magmakammer steht unter Druck und kann sich, durch den verstopften Schlot derzeit nicht entladen, weshalb der Druck den Weg des geringsten Wiederstandes nimmt und die Seitenwand des Inselkegels unter der Wasserlinie genau an der Stelle aufbricht, an der der horizontale Weg vom vertikalen Hauptschlot nach außen am kürzesten ist. - im Süden der Insel, wo sie am steilsten und tiefsten ins Meer abfällt. Ich finde die Ebene um Frontera sollte ebenfalls evakuiert werden oder wenigstens die Alarmstufe Rot erhalten. Wenn der Druck der Magmakammer, sowie die Magma selbst den "Korken" im verstopften Hauptschlot aufgeschmolzen haben, könnte sich der Druck genau auf der Nordseite der Insel entladen, wenn man - wie ich schon anführte - davon ausgeht, dass es einen alten Hauptschlot gibt."

Mittwoch, 19. Oktober 2011 - 9.44 Uhr
El Hierro Vulkan - er sprudelt weiter

Unser Vulkan sprudelt also weiter. Zunächst gingen die anwesenden Journalisten davon aus, dass die an der Meeresoberfläche sichtbaren Aktivitäten sich auf ein Minimum beschränkt haben. Aber aus 4 km Entfernung lassen sich diese Details nicht genau beobachten. Inzwischen sind Reporter, Journalisten und TV Teams aus allen Erdteilen vor Ort um über dieses Ereignis zu berichten. Viel anders habe ich das auch nicht erwartet.

Auch ein Stelldichein von Wissenschaftlern und Fachleuten aller Fachrichtungen gruppiert sich so langsam auf dieser kleinen Insel.

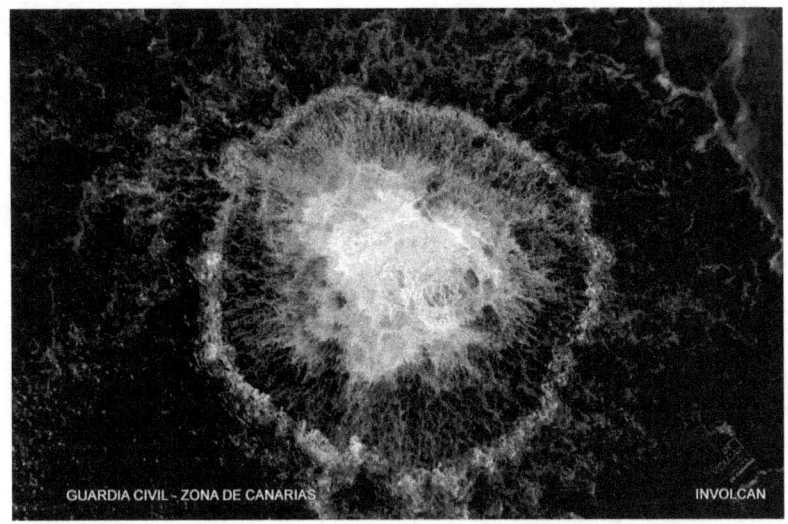

Was will man mehr am Ende der Welt, beim ehemaligen O-Meridian. Ob die Herrenos sich darüber freuen sollen, wissen sie im Moment selbst noch nicht.

Das Trauerspiel um dem sehnsüchtig erwarteten Unterwasser Roboter hat sich teilweise erledigt. Gestern Abend kam per Flugzeug über Teneriffa ein leistungsschwacher Ersatz ROV (Remotely Operating Vihicle) in El Hierro an. Ein ROV, ohne Kamera und mit weniger Equipment, als der moderne Liropus 2000 . Ich hatte darüber berichtet. Der ROV soll nun mit dem vorhandenen Forschungsschiff "Ignacio Lazano" auf Entdeckungstour gehen.
Wo und warum der Liropus 2000 mit seinem Mutterschiff "Margalef" verblieben ist , ließ sich auch heute Morgen nicht feststellen.
Hier muss ich der Wissenschaft ein Armutszeugnis ausstellen. Wichtige Erkenntnisse und Untersuchungen zu der unterseeischen Entstehung eines Vulkanes konnten so nicht gewonnen werden. Warum waren die beteiligten Institute nicht in der Lage, rechtzeitig

organisatorische Voraussetzungen zu schaffen, einen modernen ROV schnell an den Einsatzort zu bringen. Selbst für Laien war abzusehen, dass sich eine Eruption auch im Meer abspielen könnte. Selbst, wenn man dieses Gerät aus den USA oder von mir aus auch in China geordert hätte. Jetzt ist es zu spät.

Mittwoch, 19. Oktober 2011 - 14:34 Uhr
El Hierro - Forschungsschiff Margalef wieder aufgetaucht

Das Forschungsschiff "Ramon Margalef" mit dem ROV an Bord, ist im Suchradar wieder aufgetaucht. Es befindet sich in der Nähe der Stadt Porto in Portugal, mit Kurs Richtung Süden. An Bord sind 12 Wissenschaftler, 2 Techniker und 12 Mann Besatzung. Wenn nicht wieder irgendwelche Probleme auftauchen, wird es bis zum Wochenende, es sind immerhin über 2000 km Seestrecke, in El Hierro einlaufen.

Inzwischen haben auch die Wissenschaftler vor Ort die bei der Eruption ausgeworfene Lava analysiert und sind zu einem überraschenden Ergebnis gekommen. In den aufgefischten Lavabrocken ist kein oder kaum Basalt enthalten. Der Hauptinhaltsstoff ist Kieselsäure. Als Kieselsäuren werden die Sauerstoffsäuren des Siliziums bezeichnet. Vielleicht kann ein Mineraloge oder Geologe unter unseren Lesern diese Besonderheit mal erklären.

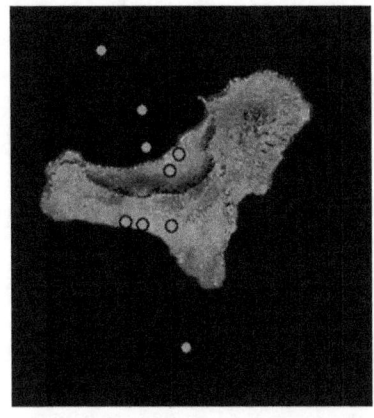

Der Tremor zeigt ohne große Veränderung das weitere Aufsteigen der Magma an. Eine Reihe von Erdstößen zwischen 1,6 und 1,8 auf der Richterskala in der vergangenen Nacht und am Morgen gehören inzwischen fast auch zur Normalität.
Nur das Zentrum der Beben verlagert sich immer mehr nach Norden. Wenn Sie bisher meinem Blog aufmerksam gefolgt sind, dann kennen Sie auch meine Meinung dazu. Wenn nicht, dann bitte zurück blättern.
Der Katastrophenstab PEVOLCA hat inzwischen erlaubt, dass die emigrierten Anwohner von La Restinga in kleinen Gruppen in Polizeibegleitung, Kleidung und Medikamente aus ihren verlassenen Häusern und Wohnungen holen dürfen.

Heute Morgen wurde vom Cabildo (Inselregierung) beschlossen, einen Ausschuss zur Bewertung der sozialen und wirtschaftlichen Schäden und der Wiederbelebung El Hierros, ins Leben zu rufen. Wieder einen Ausschuss mehr werden Sie vielleicht jetzt sagen, aber hier dient inzwischen auch die deutsche Bürokratie als nachahmenswertes Vorbild.

Kommentare:
„Wenn ich die Meldung richtig verstehe, enthielten die aufgefischten Brocken überhaupt keine frische Lava. (Die weißen Stellen auf dem Bild passen auch nicht dazu) Es werden wohl durch Hitze geschwärzte Sedimente vermutet (incl. Kieselsäure)
Magmatische Gesteine enthalten (fast) immer Siliziumdioxid (SiO_2), das manchmal auch fälschlich als Kieselsäure bezeichnet wird, was

ich hier aber nicht annehme. Basalte von El Hierro enthalten zwischen 43 und 49% SiO2. Kieselsäure wird u.a. durch Kieselalgen produziert. "

„Ich habe heute bereits mehrmals gelesen, dass das Schiff Ramon Margalef, bzw. deren ROV gar nicht in das Gewässer fahren / tauchen kann, da das Gerät mehr als 35 Grad nicht aushält. Nebenbei hat der gar keine Kamera an Bord. Wofür also dieses Forschungsschiff?
Da gäbe es doch besseres Gerät, wie z.B. die Tauchroboter die auch bei der BP Katastrophe Unterwasser gefilmt haben."

„Das habe ich heute zu Kieselsäure gefunden:
Viel Kieselsäure ist typisch für eine Schichtvulkan. Das Magma stammt aus einer tiefen Region des Erdmantels und ist sehr dichtes und zähflüssiges Material. Unmittelbar unter der obersten Krustenschicht sammelt es sich in einer Kammer. Wenn der Druck zu groß wird, sprengt er den Pfropfen in einer großen Explosion weg. Je mehr Wasser beteiligt ist desto Explosiver wird das Ganze.
Hört sich etwas ungut an für die Leute die da wohnen."

„Das Magma von El Hierro gilt mit einem von Siliziumdioxid (SiO2) - Anteil von unter 50% als nicht explosiv."

„Derzeitig entlädt sich ja irgend ein Druck über die Südflanke der Insel. Wenn ich davon ausgehe, dass sich ein Kanal unter der Insel von Nord nach Süd gebildet hat, weil der " alte Hauptschlot" im Norden verstopft ist, dann könnte dieser Kanal doch ebenso den Süden der Insel unterspülen und vielleicht den selben Erdrutsch im Süden auslösen, wie er im Norden vor vielen tausend Jahren stattfand... Wäre das möglich? Nochmal: Ich gehe davon aus, dass im Norden der Insel, bei Frontera, tief unter der Insel noch ein alter Hauptschlot existiert, der vielleicht beim damaligen Abrutschen der

Insel verstopft wurde und eventuell wieder aufgeschmolzen wird. Deshalb auch die vielen Beben in dieser Gegend (Norden), weiterführend in den Süden, wenn sich die Magma und der Druck den kürzesten Weg suchen."

„Die Kanaren sind durch „Hotspot" Vulkanismus entstanden, vergleichbar mit dem von Hawaii.
Hotspot oder „Mantel Plume" Vulkane haben in der Regel gasarme bassaltische Lava (Kieselsäure arm), die rund 1300°C heiß, sehr dünnflüssig und somit schneller fließend ist. Man nennt diese Ausbruchsart auch „hawaiische Eruption"
Da die Lava dieser Vulkane so flüssig ist und recht weite Strecken fließen kann, bauen sie keine typischen kegelförmige Berge auf, die man von Vulkanen (Mont Fujisan oder Vesuv) her kennt, sondern eher flache, die an alten römischen Kriegsschilden erinnern. Man nennt sie daher „Schildvulkane".
Man vermutet, das die Quelle der Hotspots der untere Erdmantel oder gar der obere Erdkern sein könnte.
Da sich jetzt aber anscheinend die Zusammensetzung der Lava von El Hierro wohl geändert hat (höherer Kieselsäureanteil), sollte man vielleicht in den Überlegungen mit einbeziehen, das die jetzt aufsteigende Magma vielleicht aus einem anderen Bereich des Erdmantels (oberer Teil) entspringt als die bei einem der letzten Eruptionen.
Vor einiger Zeit hatte ich mal gelesen gehabt, dass der Ätna auf Sizilien seinen „Charakter" geändert hat. Man hatte festgestellt, dass nie jetzt austretende Lava aus einer anderen Magmakammer stammt als zuvor und ist jetzt explosiver als zuvor.
Ich hoffe es nicht, das vielleicht auf El Hierro was in ähnlicher Richtung passiert ist."

Donnerstag, 20. Oktober 2011 - 10:06 Uhr
El Hierro Vulkan - Webcam

Die einzige öffentliche Webcam auf El Hierro wird zur Zeit von "Meteolaspuntas" betrieben.

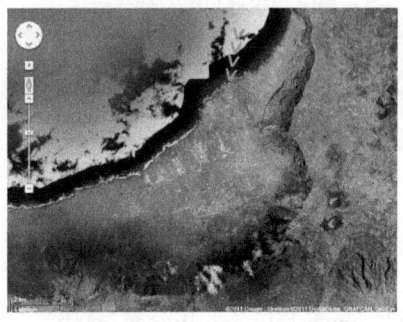

Alle 20 Sekunden schaltet die Cam ein neues Bild. Schade allerdings im Moment, dass sie im Golfotal auf der Westseite steht. Ich habe hier mal mit Pfeilen den ungefähren Standort angegeben. Die Blickrichtung geht über Frontera in die Steilwände des Golf-Halbkraters. Von den Aktivitäten im Süden können wir von hier aus natürlich nichts sehen. Es stellt sich nun die Frage, warum die Inselregierung längst nicht eine Cam direkt an der Südküste aufgestellt hat. Es wurde darüber geredet, die Telefonica hat auch entsprechende Leitungen verlegt und neue Satellitenverbindungen geschaltet, passiert ist aber nichts. Entweder hat man zur Zeit wichtigere Dinge zu erledigen oder die Verantwortlichen haben schlicht kein Interesse daran unkontrolliert Bilder in alle Welt zu übertragen.

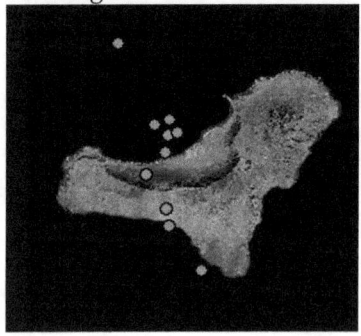

Auch in den vergangenen Stunden gab es eine Reihe von Beben. Das Zentrum wieder das Golfotal. Die Erdstöße lagen zwischen 2,0 und 2,6 auf der Richterskala und kamen meist aus 22 km Tiefe. Der Tremor hat leicht zugenommen, liegt aber noch im moderaten Bereich. Das Golfotal rückt wieder mehr in den

Blickpunkt. Ich werde im Laufe des Tages einige Informationen zur geologischen Vergangenheit dieses Golfotales einstellen. Mit diesem Golfotal hatte ich mich in den letzten Jahren ja intensiv bei meinen Buch- Recherchen beschäftigt.
Gestern durften erstmals Reporter in das gesperrte La Restinga. Einige Journalisten verspürten nach ihrer Rückkehr durch die vorhandenen Schwefelgase Beschwerden. Andere bemerkten die Gase überhaupt nicht.
Ärger gibt es wegen der beschränkten Nutzung des Golf-Tunnels. Seit gestern dürfen LKW und Gefahrgut Transporter das Tunnel durchfahren. Allen anderen Fahrzeuge müssen die alte Strecke über den Berg benutzen. "Alle oder Keiner" so die Proteste - was sage ich dazu, einfach menschlich.

Für durch den Vulkan geschädigten Anwohnern, stellt die Caja Canarias (kanarische Sparkasse) einen zinsgünstigen Sofortkredit ohne große Sicherheiten bis zur Höhe von 6000.- € zur Verfügung. Das wäre es im Moment.

Donnerstag, 20. Oktober 2011 - 15:18 Uhr
El Hierro - Die vulkanische Vergangenheit

Wie heute Morgen bereits angekündigt etwas zur vulkanischen Vergangenheit von El Hierro:

Die Insel El Hierro ist die jüngste Insel der Kanaren. Das Entstehungsdatum schätzt man auf 1 bis 2 Millionen Jahre. Im Vergleich dazu meine Insel La Palma mit 2 bis 3 Mio. und La Gomera 11 bis 13 Mio. Jahre alt.
Vor geschätzten 120.000 Jahren geschah dann der große Erdrutsch, der die heutige Form des Golfotales gestaltete. Lesen Sie dazu einen kurzen Auszug aus "Geheimnisvolles El Hierro"

Als Vergleich wie mächtig der Vulkan wahrscheinlich aussah, nehmen wir den Vulkan Teide auf der Nachbarinsel Teneriffa.

Pico del Teide (3718m)

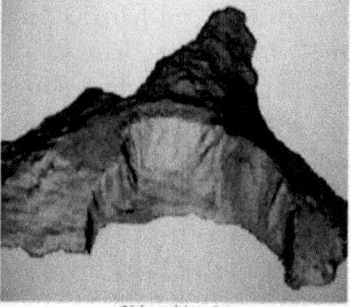
Abbruchkante

Durch die Masse und den daraus resultierenden Druck nach allen Seiten des Vulkanmassives entstand eine hohe Instabilität. Unter der Last seines eigenen Gewichts brach der Vulkan schließlich weg und rutschte nach Westen ins Meer, die Seite mit dem geringsten Widerstand.
Auf der Grafik ist der Vorgang bildlich dargestellt.

Dieser Vorgang geschah erst vor 120.000 Jahren wie auch der Direktor des kanarischen Instituts für Vulkanologie, Juan Carlos Carracodo, vermutet. Übrig blieben nur noch die inselinneren Kraterwände.
Bei diesem gigantischen Bergrutsch bewegten sich mehr als 300 km³ Gestein und Geröll in den Atlantik. Um sich das plastisch vorstellen zu können nehmen wir den Vulkan St. Helens in den USA der 1980 ausbrach und über 500 km² Land unter sich begrub. Das waren nur 3 km³ Gestein und Lava.
Der Vulkanrutsch von El Hirro hatte also die 100 fache Volumenmenge.

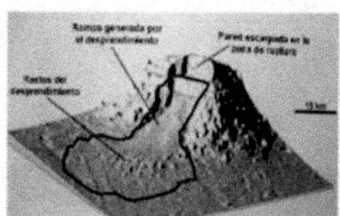
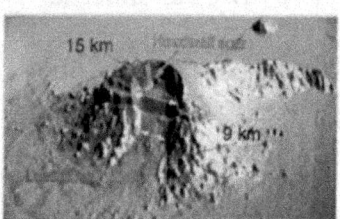

Ein geologischer Vorgang der nicht nur auf den Kanarischen Inseln sondern weltweit in der Erdgeschichte viele Beispiele hat.
Steile Berge werden nicht nur durch meteorologische Vorgänge wie Wind oder Regen abgetragen, sondern brechen auch unter ihrem eigenen Gewicht zusammen. Meist sind davon zuerst Bergflanken betroffen.

Dieser Vorgang dauerte nur wenige Sekunden oder Minuten mit verheerenden Ausmaßen und Folgen.

Nehmen sie einen Eimer voll mit Wasser und werfen einen faustgroßen Stein hinein. Die Folgen kann sich wahrscheinlich jeder selbst ausmalen.

Jetzt stürzen 300 km³ Gestein in den Atlantik und verdrängen die gleiche Menge Meerwasser. Es entsteht eine riesige Welle von mehreren Hundert Meter Höhe, die die Energie des Bergrutsches speichert und sich halbkreisförmig ausbreitet. Ein Tsunami ist entstanden.

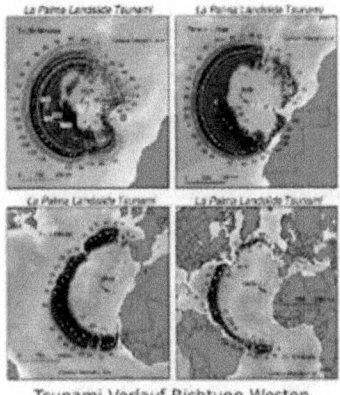
Tsunami Verlauf Richtung Westen

Tsunamiwelle

Diese Tsunami Wellen bewegten sich mit mehrfacher Schallgeschwindigkeit Richtung des amerikanischen Kontinents und trafen noch mit 20-30m hohen Wellen auf das Festland. Die Grafiken entstanden nach einer Theorie des Engländers Dr. Simon Day für die Nachbarinsel La Palma, wo ein ähnlicher Bergrutsch in den nächsten Tausend Jahren erwartet wird.

Die Tsunami Flutwelle traf damals auch die Bahamas und wuchtete dort 10 Tonnen schwere Felsbrocken an Land. Gesteinsuntersuchungen haben sowohl bei der Zusammensetzung der Mineralien und sonstiger Merkmale eindeutig ergeben, dass sie aus El Hierro stammen.

Seit dieser Zeit gab es bis heute nur einige wenige verbürgte Vulkanausbrüche. Der letzte Ausbruch war 1793 und lag im Südwestteil der Isla. Seitdem galt El Hierro als die "Ruhige und Vergessene Insel am südlichsten Zipfel der Kanaren". Bis vor ein paar Wochen ... Soviel zur Geschichte und Chronik.

Sonst verlief der Tag bisher ruhig und ohne große Anspannungen. Um die Mittagszeit um 11:40/11:46 und 11:49 Uhr drei Beben im Golfotal der Stärke 1,6 - 1,8 und um 13.37 Uhr im Süden mit 2,0 auf der Richterskala.

Freitag, 21. Oktober 2011 - 9:53 Uhr
El Hierro Vulkan - Warten ist angesagt

Heute mal mit einer etwas anderen IGN Grafik die die Beben der letzten Stunden markiert. Das kräftigste Beben mit ML2,1 (grüner Punkt) um 23.30 Uhr in Nähe der Eruptionstelle.
Die Erdstöße sind heute gleichmäßig auf den Golfobereich und den Süden verteilt. Aufgefallen ist mir, dass nun Beben - alle über ML1,5 - im Minutentakt erfolgen. So in der Nacht im Süden um 23:23/ - 23:29/ und 23:30 Uhr. Diese enge zeitliche Konzentration konnte gestern Mittag bereits im Golfo beobachtet werden. Der Magmaaufstieg (Tremor) erfolgt weiter in normalen Bahnen.

An der Eruptionstelle im Süden dringen weiter Gase an die Oberfläche. Wie stark der Lavaauswurf zur Zeit ist können vielleicht heute Untersuchungen des eingesetzten Roboter (ROV) bringen. Nur Schade, dass der ROV mit keiner Kamera ausgerüstet ist und nach Meldungen nur Wassertemperaturen bis 35°? verträgt. Vielleicht lassen sich mit seinen Wärmesensoren entsprechende Daten ermitteln. Ich denke, dass der Meeresgrund so aufgewühlt ist, dass optische Aufnahmen des Schlotes ohnehin nur schwer zu bekommen wären.

Der Katastrophenstab (Pevolca) hat gestern in Valverde beschlossen, dass ab sofort Anwohner ihre Anwesen in La Restinga wieder bewohnen können. Die Lage sei stabil und entsprechende Mess- und Warngeräte installiert. Für den Ernstfall würden zwei Busse ständig vor Ort bereit gehalten. Vor dem Baden, Tauchen und Fischen in den Gewässern um Restinga wird gewarnt. Auch der Verzehr von Fisch sei nicht zu empfehlen. Die Schule im Ort bleibt geschlossen. Die höchste Warnstufe "ROT" wird aufrecht erhalten.
Weiter wird ab heute das 2km lange Tunnel im Golfotal von 8.00 bis 20.00 Uhr für alle Fahrzeuge wieder freigegeben.

Hier stellt sich natürlich für den Betrachter die Frage: Höchste Warnstufe und keine Gefahr für die Menschen? Wie passt das zusammen ? Was geht in den Köpfen der Entscheidungsträger vor?

Genauso die Wiedereröffnung des Golftunnels. Seit Tagen wieder verstärkte Erdbeben im Golfotal, mit zunehmender Tendenz. Ticken die noch Richtig! - oder verstehen wir das nur nicht.

Kommentare:
„Diese Entscheidungen klingen für mich einfach nur nach typischer Politik. Für den Normalbürger unverständlich ! Aber Menschenleben und Menschenschicksale interessieren unsere Politiker doch schon lange nicht mehr."

„Ich denke mal, dass die Entscheidungen zur Benutzung des Tunnels akzeptabel sind, wenn der Tunnel vernünftig gebaut wurde (er ist recht neu, EU-Gelder?). Die bisherigen Erdbeben sind alle moderat und es gibt keinen Grund, von stärkeren Beben auszugehen (zumal viele kleine Beben über längere Zeit i.d.R. große Beben unwahrscheinlicher machen). Die Lage in La Restinga hängt von der Geschwindigkeit einer möglichen Evakuierung ab. Zudem ist die Bewohnbarkeit von Windrichtung und Gasgehalt abhängig."

Freitag, 21.Oktober 2011 - 15:05 Uhr
El Hierro Vulkan – Die grüne Brühe

Das ganze Ausmaß der "grünen Brühe". Vom austretenden Gas der Eruption durch chemische Veränderungen verfärbtes Meerwasser, hat gestern dieses Foto: Guardia Civil/ Involcan eingefangen.

Im Hintergrund der Ort La Restinga mit dem vorgelagerten Hafen. Inzwischen breitet sich der Teppich weiter nach Westen aus. Welche Folgen der giftige Schleier auf die Fische und Meeresbewohner hat, wird sich noch herausstellen.

Die angeschwemmten toten Fische lassen nichts gutes erahnen. Und hier wollen also die angestammtem Fischer wieder ihrem Broterwerb nachgehen. Ich frage mich nur, wer diese gefangenen Fische essen soll.
Der Tourist im Norden der Insel etwa? Kein Einheimischer wird die nächste Zeit "Frischen Fisch aus Restinga" auf seinem Speiseplan aufnehmen.

Auch die Tauchschulen werden kam Gäste in diese gefährliche Brühe locken können. Bleiben noch die Restaurants - Journalisten gibt es genug, auch die haben Hunger.
Aber in Restinga in einem schönen Appartement auch noch zu übernachten - eher Nein, dafür ist einem normal denkenden Menschen das Risiko und die schwefelhaltigen Ausdünstungen, dann wahrscheinlich doch zu groß.

Hier ist mit einem Balken auf der AVCAN Grafik der Bereich gekennzeichnet, in dem sich in den letzten Tagen die meisten Beben ereignet haben. Die Richtung weist von Süden über das Golfotal nach Nordwesten. Am Vormittag hat sich wieder um 10.36 Uhr direkt vor der Golfküste das in den letzten Tagen stärkste Beben mit ML2,6 in 24km Tiefe ereignet. Bleibt nur zu hoffen, dass beim nächsten vielleicht stärkeren Erdstoß, keinem Tunnelbenutzer die Decke auf den Kopf fällt.

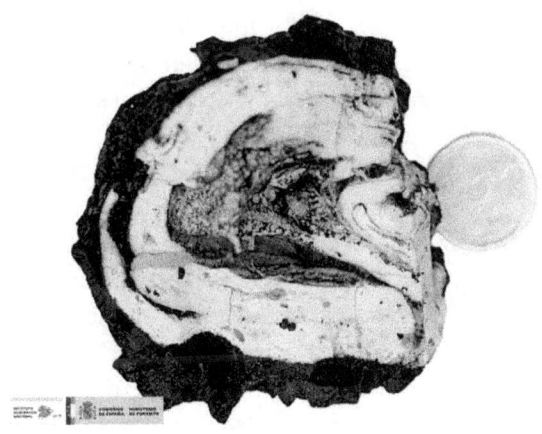

Aus den bisherigen Diskussionsbeiträgen und Mails entnehme ich, dass großes Interesse besteht und viel Unklarheit über die Art der ausgeworfene Lava bei der Eruption vorhanden ist. Auf dem Foto sind die von der Meeresoberfläche aufgefischten "Lavaknollen" -

außen schwarz mit weißer Füllung - gut zu sehen.
Von offiziellen Stellen hieß es zunächst, die aufgefundenen Knollen seien keine richtige Lava aus dem Erdinnern, da sie keinen Basalt enthalten. Es handele sich um Sedimentablagerungen vom Meeresgrund, die von den heißen Vulkangasen (ca. 1200°) aufgeschmolzen wurden. Inzwischen wurde dies wieder Infrage gestellt. Genaue Aufschlüsse ergeben sich erst in 8 Tagen nach einer eingehenden Untersuchung in den Labors der Universität von La Laguna (Teneriffa).

Zu diesem Thema hat mich eine Mail erreicht mit einer interessanten These, die ich für Diskussionswürdig halte und auszugsweise hier anfüge. Vielleicht können sich unsere Geologen, Vulkanologen und Fachleute unter den Lesern kurz dazu äußern. - Danke.

"... besonders interessant finde ich die Info, dass die aufgefischten Teilchen aus dem Vulkan kein Basalt enthalten, sondern hauptsächlich Kieselsäure. Das Auftauchen von Kieselsäure deutet darauf hin, dass das ausgestoßene, durch heiße Gase verflüssigte und "verbrannte" Material aus fossilen Ablagerungen stammt, denn das ist das Hauptvorkommensgebiet von Kieselsäure. Also aus einem Bereich versteinerter Lebewesen - versteinerter Tiere,Pflanzen oder sogar Wald. Denn die Art von Magma, die man hier erwartet hatte aus dem Erdinnern ist das nicht. Tagelanger Auswurf aus einer Muschelbank in 150m Tiefe kann das aber wohl auch kaum sein. Wenn die Spalte aber Verbindung hat zu viel tieferen Gesteinsschichten, durch frühere Abrutschungen verschüttete, möglicherweise bewaldete Teile der Insel z.B.(ich denke da an die Forschungsarbeit über den Verlauf von Riffen/ Abrutschungen) ...dann könnte dieser eher schlappe Ausbruch auch darauf hindeuten, dass alles, was ausgeworfen wurde lediglich die Folge einer Entlüftungsreaktion war. Die heißen Gase sind durch eine Schicht fossiler Ablagerungen gedrungen und haben diese

verflüssigt. Mal angenommen -. Das würde dann auch erklären, warum der Druck nur wenig abgenommen hat bisher und die Ausdehnung der Insel jetzt wieder zunimmt - der eigentliche Ausbruch hätte demnach noch gar nicht stattgefunden.
Ich bin kein Vulkanologe, aber denken kann ich schon...
Unter sauren oder basischen Bedingungen unterliegt Monokieselsäure einer exothermen, intermolekularen Kondensaktionsreaktion......Es bilden sich kugelförmige, nicht kristalline (amorphe) Polykieselsäuren. (Wikipedia über Kieselsäurereaktionen) "

Kommentar:
„Die Quellenlage für wissenschaftliche Informationen ist nach wie vor schlecht! Die Isländer machen das besser. Joan Marti hat hat am 19.10 nur gesagt, dass in Proben pyroklastischen Materials Basalt festgestellt wurde. Er hat m.E nicht gesagt, dass das von den gezeigten Knollen stammt. Und diese Knollen sind mit Sicherheit kein Basalt, von weißem Basalt habe ich noch nichts gehört.
Die Ausbruchsstellen liegen auf einem unterseeischen Rücken, der sich weit nach Süden zieht. Die Schuttlawine, die vor 160.000 Jahren hier abging, bewegte sich eher in südwestliche Richtung, also neben dem Rücken."

Freitag, 21. Oktober 2011 - 21:39 Uhr
EL Hierro Vulkan - Neue Entwicklung

Seit 18.17 Uhr registrieren alle IGN Seismometer leichte Erdstöße auf allen Kanarischen Inseln, außer auf La Palma.
Es ist ein leichtes Zitterbeben, deren Stärke mir noch nicht bekannt ist. Ungewöhnlich der fast gleichzeitige Start auf allen Inseln. Die Beben halten in abgeschwächter Form noch an. Warum gerade La Palma davon ausgenommen ist, muss noch geklärt werden. Wahrscheinlich ist das Messgerät ausgefallen.

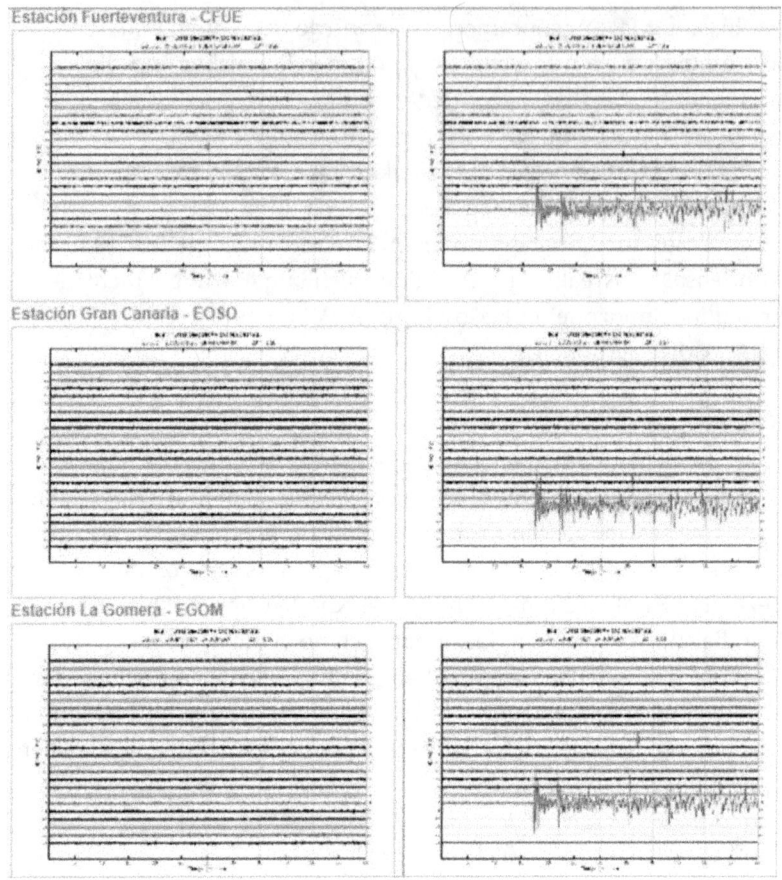

Auch auf El Hierro scheint sich etwas Neues zu entwickeln. Nachdem heute Nachmittag innerhalb von 2 Stunden im Golfotal vier Erdstöße, alle um ML2,0 den Boden erzittern ließen, wurde mir von Anwohnern ein leichtes Donnergrollen, kommend von der Meeresseite im Golfotal berichtet.

Nach unbestätigten Berichten hat sich das an der Eruptionsstelle im Süden operierende Forschungsschiff wegen plötzlich auftretender starker Strudel und auftreibender Lavabrocken fluchtartig in den Hafen zurückgezogen. Dies sind alles noch keine Fakten. Sie müssen erst noch überprüft werden. Sobald Neuigkeiten vorliegen melde ich mich.

Kommentare:
„Aufgrund des gleichzeitigen Timings 18:13 UTC, Laufzeit und der Amplituden des "Zitterbeben" lässt sich auf eine andere Location als Epizentrum schließen. Z.B. Kermadec Island Region: 17:57:16 UTC mit Magnitude 7,6!! Die Ausschläge waren auch um 18:18 auf den allen Seismometern in Bayern zu erkennen. Vor ein paar Tagen hab ich gelesen, dass die Anlage in La Palma gestohlen worden sein soll. Vielleicht deswegen keine Daten von dort...? Vom IGN kommen ja immer nur sporadisch Daten von La Palma. Die Letzten Daten waren vom 16.10.2011."

„Danke für den Hinweis. Der La Palma Seismometer wurde vor ca. 6 Wochen entwendet, war aber inzwischen schon wieder ersetzt worden."

„Könnte es auch sein, dass das Donnergrollen vom Gewitter auf der Ostseite der Insel kam? Ich bin ja auch zusammengezuckt und hätte schwören können, es sei aus dem Ozean aufgestiegen. Wir sind halt alle Nervenbündel zur Zeit. „

„Wie dem auch sei, zwar nur langsam, aber doch stetig, nimmt die Aktivität der Beben wieder zu."

„Ich vermute, dass so um den 10. Oktober der Hauptaufstiegsschacht der Magma verschlossen wurde. Da aber scheinbar weitere Magma nachströmt, schmilzt sie sich langsam aber sicher einen Weg nach oben. Vieles deutet daraufhin, dass dieser Ort im Golfotal liegt (Beben). „

„Ich habe, wenn ich all diese Daten sehe, kein gutes Gefühl!
Das ist mir alles zu heiß und sehr unheimlich!
Da kommt von tief unten noch viel mehr hoch als man sich Denken kann...... „

„Gefühl ist kein guter Ratgeber, wenn es um öffentlich angeordnetes Handeln geht. Hier geht es nicht nur um Menschenleben, sondern auch um (wirtschaftliche) Existenzen."

„Den letzten Satz kann man auch umdrehen:
"Hier geht es nicht nur um Wirtschaft(liche Existenzen), sondern auch um Menschenleben." - und so macht er *für mich* mehr Sinn."

„Ängste und Panikmache bringen uns hier nicht weiter. Man sollte bedenken, dass akzeptiertes Risiko bzw. Sicherheit immer ein Kompromiss aus einer Gefahr, deren Eintrittswahrscheinlich und gesellschaftlichen Abwägungen ist.
Wichtiger wäre, dass man Evakuierungspläne einrichtet und Übungen mit der Bevölkerung abhält. Bestehen gute Pläne und ist ein Umgang damit eingeübt, kann die Bevölkerung weiter mit mehr Ruhe ihrem Alltag nachgehen."

„Gefühl ist kein guter Ratgeber........
Mein Gefühl das anhand der Daten ausgelöst wird, ist kein Ratgeber oder Ratschlag!
Dieses Bauchgefühl hat mich "fast nie" im Stich gelassen!"

„Als vielgereister FOTOGRAF möchte ich Recht geben. In vielen Situationen ist das Bauchgefühl das auf das man hören sollte. Ein guter Tipp könnte sein die Tierwelt genau zu beobachten, da Tiere drohendes Unheil deutlich früher erkennen als wir Menschen."

Samstag, 22. Oktober 2011 - 10:19 Uhr
El Hierro Vulkan - Golfotal neues Bebenzentrum

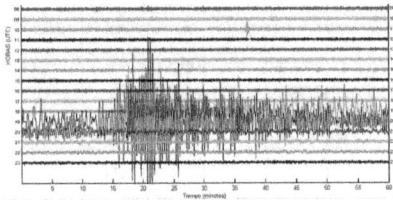

Der Schreck von den gestrigen Abendstunden, als alle auf den Kanaren installierten Seismographen fast gleichzeitig Alarm schlugen, ist geklärt. Aufgezeichnet wurde ein schweres Erdbeben der Stärke 7,3 Richterskala auf den Kermadec-Inseln im Südwest Pazifik bei Neuseeland. Hier das Diagramm von La Gomera.
Nur auf meinem La Palma, der Isla Bonita, wurde davon nichts bemerkt. Die Messgeräte sind außer Funktion. Gerade auf der vulkangefährdesten Insel der Kanaren gehen derzeit die Erdstöße unbemerkt vorbei. Das war vielleicht die wichtigste Erkenntnis des gestrigen Abend.

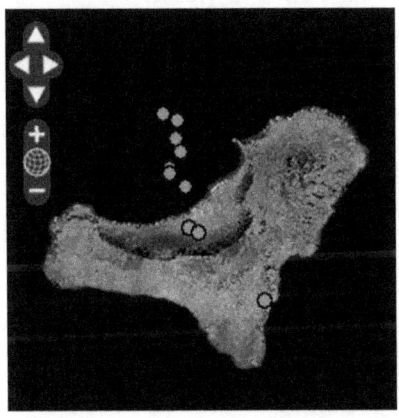

Auf El Hierro spitzt sich dagegen die Lage zu. Fast alle neuen Erdstöße kommen aus dem Bereich des Golfotales. Innerhalb von 7 Stunden erfolgten heute Nacht über 10 Erdbeben mit mehr als ML1,5. Das kräftigste Beben erfolgte um 2.30 Uhr mit 2,3 und um 8.21 Uhr mit 2,1 auf der Richterskala. So langsam werden auch die Anwohner unruhig und nervös.
Aus vielen Mails verspüre ich Unbehagen und Ärger über die Informationspolitik der Behörden. Das Vertrauen in die offiziellen Aussagen schwindet mehr und mehr.

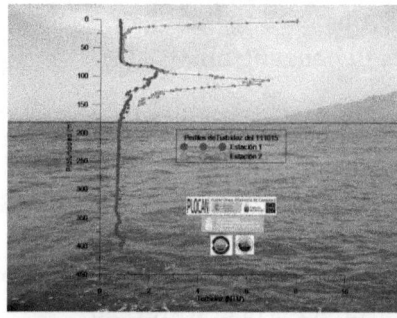

Seit einer Woche ist das Forschungsschiff "Prof. Ignacio Lazano" in dem Eruptionsgebiet von El Hierro nun unterwegs. Das Schiff gehört der PLOCAN (Plataforma Oceanica de Canarias) mit Sitz in Telde auf Gran Canaria. Ein staatliches Unternehmen.

Zu seinen Aufgaben gehört die Entnahme von Wasserproben aus unterschiedlicher Tiefe und das Aufsammeln von Lava und biologischen Feststoffen. Im bordeigenen Labor können diese Proben gleich untersucht werden. Auch die Überwachung der Gas- und Wasser-Dampfkonzentration, sowie die Charakterisierung von Unterwassergeräuschen gehört zum Tätigkeitsfeld.

Eine gute Hilfe ist der mitgeführte Seaglider "Altair", ein Roboter, der bis in eine Tiefe von 1000 m abtauchen kann, aber keine Kamera an Bord hat.

Aufgefunden wurden viele tote Fische, die durch Druck, Hitze oder durch die hohe Gaskonzentration ums Leben kamen. Untersuchungsergebnisse werden nur spärlich bekannt, da weitere

Kontrolluntersuchungen in Teneriffa erfolgen. Bestätigt wurde bisher eigentlich nur, dass sich der Ph-Wert im betroffenen Meeresgebiet drastisch verändert habe. Das Eruptionsgebiet auf El Hierro galt bis vor wenigen Tagen noch, als eines der artenreichsten und schönsten Tauchgebiete der Kanaren.

Kommentare:
„Ohne diesen Blog, ohne die - sicher den Quellen oft recht mühsam abgerungenen - Daten und Fakten säßen wir, auch hier auf Teneriffa, ganz schön auf dem 'Trockenen'.
Gleichzeitig ist es traurig - oder stellt es deren Unfähigkeit dar - dass die Behörden auf Ignoranz und gefährliche Gleichgültigkeit setzen und es mit der 'Kopf-in-den-schwarzen-Sand-Methode' versuchen. Da wird so lange rumprobiert und analysiert, bis es, vielleicht an ganz anderer Stelle richtig kracht und Menschenleben kostet.
Gibt es denn keine übergeordneten Stellen, die dem Einhalt gebieten können und die Menschen aufklären und in Sicherheit bringen?
Eine mehr rhetorische Frage.
Doch schließlich kann man sich auf einer kleinen Insel nicht einfach ins Auto setzen und ein paar hundert Kilometer der Gefahr entfliehen.
Zumindest sollte man den Ernstfall einmal an denken und schnellstmögliche Vorsorge treffen.
Es gab in der Vergangenheit Vulkanausbrüche, die sich plötzlich ereigneten, ohne sich vorher anzumelden. Warum hört man nicht auf Anzeichen, die - vielleicht - eine Katastrophe ankündigen.

Mich erinnert das sehr an das große Feuer 2007 auf Teneriffa, als ebenfalls nichts getan wurde, und als man endlich tat, krasse Fehlentscheidungen das Hab und Gut sowie die Existenzen vieler zerstörten.(Nach Masca schickte man die Feuerwehr aus Granadilla, die sich in dem zerklüfteten Gebiet nicht auskannte und die Flucht ergriff). Und es erinnert an das Danach, als man mit großen Worten Entschädigung versprach und viele bis heute nichts erhielten als diese warmen Worte. Mehr als 4 Jahre später!

„Das sind schon die höchsten Entscheidungsorgane. Die Kanarische Regierung und das Cabildo von El Hierro. Beide sind darauf bedacht vieles als harmlos einzustufen. Es ist ihre Aufgabe keine Panik aufkommen zu lassen und im Ernstfall doch Menschenleben zu retten. Das ist die Gratwanderung auf der sie im Moment jonglieren. Passiert nichts sind sie bestätigt, gibt es aber Opfer dann war es nicht vorher sehbar oder höhere Gewalt.
Ich glaube, dass der gesunde Menschenverstand im Moment der beste Ratgeber ist.
Deine Erfahrung mit der Entschädigung der Brandopfer kann ich nur bestätigen. Auch hier auf La Palma sind die Opfer des großen Waldbrandes von vor zwei Jahren bis heute nicht entschädigt worden. Große Worte und unbürokratische Abwicklung wurde vollmundig versprochen, alles nur leere Worte.
Vertrauen wir auf unseren eigenen Verstand und handeln auch danach. Die Zukunft wird es zeigen, wer richtig lag."

„Auch Unwissenheit (unter der Bevölkerung) wird Panik schaffen im Ernstfall und da nützt alle Gratwanderung nichts mehr, wenn man auf der einen oder anderen Seite desselben heruntergefallen ist. Ein befreundetes Paar erzählte letzthin, dass, auf Grund der Erdbeben auf El Hierro, mit ihrem 5jährigem und dessen 'Kumpels' im Kindergarten seit Wochen das Verhalten im Ernstfall eines Erdbebens geübt wird. Allerdings ist dies ein privater Kindergarten. Vielleicht sollten die Großen auch mal üben."

Es wird ungemütlich

Samstag, 22. Oktober 2011 - 17:08 Uhr
El Hierro Vulkan - Stärkere Beben im Golfo

Evento	Fecha	Hora (GMT)*	Latitud	Longitud	Prof. (km)	Int. Máx.	Mag.	Tipo Mag. (**)	Localizaciòn	Info
1107005	22/10/2011	11:51:47	27.8855	-18.1250	17		1.9	4	ATLÁNTICO-CANARIAS	[+]
1107003	22/10/2011	11:19:55	27.7854	-18.0563	23		2.3	4	NW FRONTERA.IHI	[+]
1107001	22/10/2011	10:50:45	27.8338	-18.0774	20		1.8	4	NW FRONTERA.IHI	[+]
1107002	22/10/2011	10:47:25	27.8795	-18.0727	2		1.6	4	ATLÁNTICO-CANARIAS	[+]
1106993	22/10/2011	10:31:48	27.7717	-18.0415	21	Sentido	2.8	4	NW FRONTERA.IHI	[+]
1106992	22/10/2011	09:46:16	27.7631	-18.0392	22		1.9	4	W FRONTERA.IHI	[+]

Die Erdstöße im Golfo nehmen an Intensität und Umfang zu. Noch liegen fast alle Beben in ca. 20 km Tiefe. Die in der Tabelle als "Atlantico" bezeichneten Beben, befinden sich weiter im Meer vor dem Golfo. Es ist anzunehmen, dass sich die Magmakammer weiter mit frischem Material versorgt.
Den stärksten Erdstoß gab es um 10.31 Uhr mit ML2,8, der auch deutlich spürbar war. Der Tremor aus dem aufsteigenden Magma verläuft normal, mit leicht ansteigender Tendenz.

Von der Eruptionsstelle im Süden wird nur noch von aufsteigenden Gasblasen berichtet. Weite Meeresteile seien weiter grün eingefärbt und viele "Lavabrocken" treibend an der Meeresoberfläche gesichtet worden.

Um ihnen die Situation und Gefährlichkeit eines eventuellen Vulkanausbruch im Golfotal zu erklären, habe ich auf der Google Karte die vorhandenen Straßenausgänge rot markiert.

Das Golfotal ist ein Halbkrater mit über 1000 m hohen und steilen Felswänden (der untere Halbkreis auf der Karte). Auf dem Kratergrund leben fast 3000 Menschen.
Es gibt drei Ausgänge: Links im Süden über einen schmalen Weg, in der Mitte unten eine kurvenreiche Straße über die Gipfel und rechts das oft erwähnte 2km lange Tunnel.

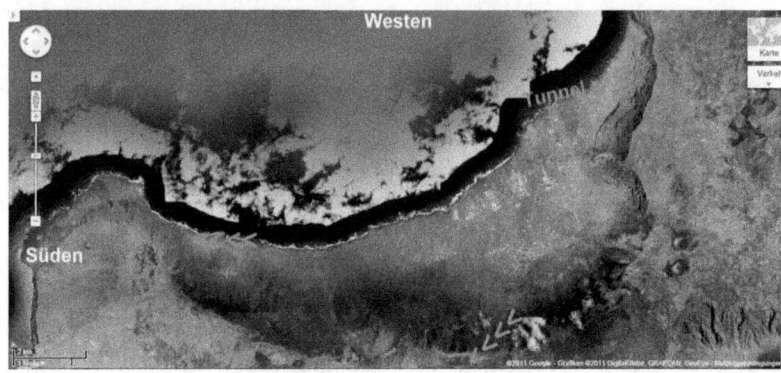

Im angenommenen Fall einer Eruption (= nur eine von mir gedachte Hypothese) mit starkem Beben, würde Erdrutsch und Steinschlag von den Kraterwänden, die Bergstrecke unten und den Tunneldurchgang schnell unpassierbar machen. Bliebe als letzter Fluchtweg der enge Südausgang. Nicht auszudenken, wenn sich das Ereignis im südlichen Teil des Golfotales ereignet. Eine Evakuierung über den Seeweg wäre nur bedingt im nördliche Teil von der kleinen Anlegestelle "Punta Grande" aus möglich und nur mit kleinen Zubringer- Booten. Große Schiffe können hier nicht anlegen.

Wie gesagt nur ein Gedankenspiel - die offiziellen Stellen sehen keine momentane Gefahr und haben sicher den perfekten Plan bereits in der Schublade.

Die Ramon Margalef, das sehnsüchtig erwartete Forschungsschiff aus Nordspanien mit seinem leistungsstarken ROV-Roboter, ist heute Morgen in Santa Cruz de Tenerife angekommen und befindet sich bereits auf der Anfahrt nach El Hierro. Ab Morgen kann es dann auch visuelle Aufnahmen von der Eruptionsstelle im Süden zur Oberfläche bringen.

Kommentare:
„Ich bewundere die sehr informative, aber doch auch sehr weitsichtig, einschätzende Lage auf El Hierro. Bei mir läuft der BLOG den ganzen Tag und ich schaue jede Stunde nach den NEWS und hoffe das Beste für die Bewohner."

„Leider lässt die Informationspolitik der Spanier zu wünschen übrig.So versucht jeder Beteiligte/Interessierte sich irgendwie Informationen zusammen zu suchen. Dadurch haben Verschwörungstheoretiker natürlich leichtes Spiel. Schade! Denn eigentlich handelt es sich bei den Schwarmbeben als auch bei der vergangenen Eruption mit verbundenem Schwefelteppich um ein einzigartiges Schauspiel. Ich könnte mir vorstellen, dass die Schwarmbeben wieder beginnen um irgendwo auf See einen zweiten Schwefelteppich mit Eruption hervorrufen. Vielleicht geht das jetzt auch Monate und Jahre so weiter. Den Einwohnern von La Restinga/El Hierro müsste nur ein gesichertes staatliches Einkommen zugesagt werden und ein 100% Gefühl vermittelt werden "wir kümmern uns" und zwar sofort. Eine aktive Vulkaninsel birgt meines Erachtens neben den überschaubaren Risiken auch eine große wirtschaftliche Chance."

„Ich hab gerade noch einmal in diesen Blog geschaut und die neuesten Infos in mich aufgesaugt - und muss sagen, dass ich langsam ganz schön aufgeregt bin. Vor einigen Tagen, als Alle noch von der Geburt einer neuen Insel im Süden sprachen, hatte ich schon meine Theorie vom möglichen Ausbruch im Norden der Insel gepostet und die damit verbundenen, eventuellen Probleme einer Evakuierung im Golfotal... Tatsachen dieses Blogs, nämlich die Zunahme der Beben im Golfo, die Grafiken der Epizentren und ein Artikel, den ich heute in einer Österreichischen Zeitung las, lassen mich immer mehr daran Glauben, dass diese Theorie stimmen könnte. Ich möchte wirklich keine Panik verbreiten sondern lediglich Fakten interpretieren."

„Zum Artikel, den ich las. Die Wiener Zeitung schreibt: Wissenschaftlern zufolge ist der Gehalt der Kieselsäure in der Magma der entscheidende Faktor, ob ein Vulkan zu den relativ harmlosen Schildvulkanen oder zu den unberechenbaren und zu Explosionen neigenden Schichtvulkanen zählt. Das Magma beim explosiven Vulkan ist sauer, mit einem einem Gehalt an Kieselsäure von über 50 Prozent. Durch den höheren Schmelzpunkt und die niedrigeren Temperaturen von 700 bis 1000 Grad ist das Material zähflüssig, wodurch der Vulkanschlot leicht dazu neigt, zu verstopfen. Durch nach fließende Magma baut sich Druck auf, der sich schließlich in einer massiven Explosion entlädt. Kommt in diesem Zusammenhang Wasser ins Spiel, wird dieser Effekt noch Potenziert (sofern diese Explosion unter Wasser stattfinden würde), denn das Wasser dehnt sich aus wenn es gasförmig wird. Immerhin entstehen aus einem Liter Wasser, gigantische 1244 l Wasserdampf. Soviel erstmal zur wissenschaftlichen Theorie. Der Kieselsäureanteil in der in El Hierro gefundenen Magma war extrem hoch und diese Tatsache passt meines Erachtens, auch gut zu den momentanen Ereignissen auf der Insel. Der Lavaausstoss im Süden soll sich wohl verringert haben - könnte auf Verstopfung der Bypass Schlote hinweisen. Die Konzentration der Epizentren im Golfo lassen darauf schließen, dass sich eventuell doch unter dem Tal ein alter, tief in die Erdkruste reichender, Hauptschlot befindet, der nicht nur durch den Erdrutsch vor einigen tausend Jahren verstopft wurde, sondern nun auch durch die Zusammensetzung der Magma verstopft, weil diese zu zähflüssig ist, um mit geringem Widerstand an die Oberfläche zu gelangen. Die Gesamtkonstruktion der Insel bis auf den Meeresgrund zeigt, dass es sich auch schon in der Vergangenheit nicht um einen Schildvulkan handelte. Und die Erhöhung der Bebenfrequenz im Golfo, sowie die Erhöhung der Bebenstärke lassen auf einen massiven Druckanstieg tief in der Erde schließen - oder warum sonst sollte die Bebenstärke zunehmen, wenn die Inseln von einer Kontinentalspalte weit entfernt sind und eine Verschiebung dieser, deshalb nicht Grund sein kann... Ich finde die Lage sehr bedenklich und verstehe nicht, warum die Warnstufe ROT nicht über dem gesamten Bereich verhängt wird - inkl. Golfo ... Die beschriebenen Flutmöglichkeiten von 3000 Menschen machen die Sache nicht grad einfacher und zeigen eigentlich sehr wesentlich, dass gerade dieses Tal schon bald geräumt werden sollte. Wenn erst einmal Panik ausbricht, weil unvorhergesehene Dinge passieren, stellen diese schmalen Passstraßen für die Flüchtenden dann auch keine Rettung mehr dar - den Tunnel lasse ich mal bewusst weg, denn wenn es kracht oder die Beben noch stärker werden, ist dieser Tunnel keinen Cent mehr wert."

„Ich kann verstehen, dass in eventuelle Evakuierungsszenarien auch die wirtschaftlichen Hintergründe der betreffenden Region ins Kalkül gezogen werden. Dennoch finde ich, dass Menschenleben in jedem Falle mehr Wert sind und eine Evakuierung von mindestens 3000 Menschen - vor allem unter den gegebenen Voraussetzungen - nun mal nicht in einer Stunde vollbracht ist. Der Mount St. Helen hat gezeigt, dass sich ein Ausbruch des Vulkans zwar ankündigt, der ganz genaue Zeitpunkt des Ausbruches aber auch dort, bis zur letzten Sekunde unklar war, denn dort kam er dennoch, völlig überraschend und anders als gedacht."

„Alleine bis 07:02 Uhr gab es heute 32 Erdstöße. Davon 5 Stück mit 2.5 Magnituden oder mehr, die von "sensiblen" Personen verspürt werden können, vom Großteil der Bevölkerung werden Beben bis ca. 3 Magnituden jedoch nicht wahrgenommen."

Sonntag, 23. Oktober 2011 - 11:05 Uhr
El Hierro Vulkan - Beben von 3,1 im Golfo

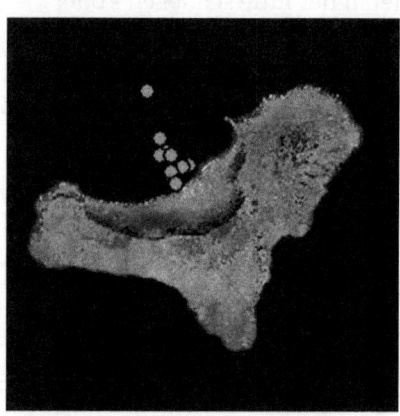

Wie nicht anders zu erwarten, hat sich in der Nacht die Bebenaktivität im Golfotal weiter verstärkt. Allein von 24.°° bis heute Morgen 7.°° Uhr gab es 38 Erdbeben, davon 11 Beben mit einer Stärke von über ML2,0. Der kräftigste und für alle Anwohner spürbare Erdstoß erschütterte um 4.52 Uhr mit 3,1 Richterskala das Tal. Der Tremor (Magmaaufstieg) läuft normal. Das Zentrum der Beben liegt noch in großer Tiefe, bei 17 - 21 km. Das bedeutet aber nicht, dass doch einzelne Vulkanschlote sich bereits weiter in Richtung Erdoberfläche durchgebrannt haben.

Wie toll es im Golfotal im April blüht und der Boden von einem kräftigen Blütenteppich überzogen ist, zeigt diese Aufnahme vom nördlichen Bereich mit dem ehemals kleinsten Hotel der Welt und der gestern angesprochenen einzigen Bootsanlegestelle. Im Hintergrund die Felsen von Los Roques de Salmor. Bleibt zu hoffen, dass wir auch nächstes Jahr, diesen Anblick noch genießen können.

Sonntag, 23. Oktober 2011 - 19:32 Uhr
El Hierro Vulkan - Sonntagsruhe

Das hört man doch gerne. Während der letzten Stunden haben sich außer ein paar leichten Beben im Golfotal und auch wieder im Süden, keine besonderen Vorkommnisse entwickelt. Zeit für mich und meine Familie zu einem Sonntagsspaziergang.

Das Forschungsschiff "Ramon Margalef" ist soeben in El Hierro eingelaufen und wird dann erst ab Montag der Unterwasser-Eruption auf den Grund gehen.
Der Katastrophenstab "Pevolca" hat heute Morgen per Flugzeug die Eruptionstelle überflogen, um sich ein Bild der Lage vor Ort zumachen. Danach ist alles in Ordnung und kein Wasserstrudel

mehr zu erkennen.

Fischer aus Restinga berichten dagegen, über ein Auffrischen der grünen Brühe, als würde Nachschub vom Vulkan kommen und über einen deutlich erkennbaren Strudel an der Wasseroberfläche. Fata Morgana oder Wirklichkeit?

In Restinga haben zwei Restaurants und ein Supermarkt wieder eröffnet. Viele Anwohner trauen dem Frieden aber nicht und verschieben ihre Rückkehr auf einen späteren Zeitpunkt. Sie wollen aus sicherem Abstand die Situation erst einmal beobachten. Das ständige hü und hopp mit Aussagen "Restinga ist sicher" und dann die kurz darauf erfolgte Schnell-Evakuierung hat sie unsicher gemacht.

In eigener Sache:
Ich danke allen Kommentatoren für ihre Meinungsäußerung. Auch bedanke mich für die vielen Mails, die ich leider nicht alle beantworten kann. Ich respektiere jeden zur Sache gemachten Standpunkt. Jede Äußerungen stellt die persönliche Ansicht des Schreibers dar, wie auch meine Artikel meine persönliche Einschätzung darstellen.

Ich versuche als logisch unabhängig denkender Mensch, Sie nicht nur mit Zahlen sondern auch mit Dingen zu konfrontieren und mögliche Folgewirkungen auszusprechen.

Wer es etwas sanfter braucht liest die offiziellen Politikermeinungen, wer es deftiger liebt Bild&Co.

Oder mit einem Albert Einstein Zitat:
"Ein Tag, an dem sich alle Anwesenden völlig einig sind, ist ein verlorener Tag"

Montag, 24.Oktober 2011 - 11:20 Uhr
El Hierro Vulkan - Krisenmanagement

Die Sonntagsruhe scheint beendet. Seit letzter Nacht setzen wieder

verstärkt Beben ein. Die letzten kräftigeren Erdstöße erfolgten um
6.04 Uhr mit 2,5 und um 6.41 Uhr mit 2,4.

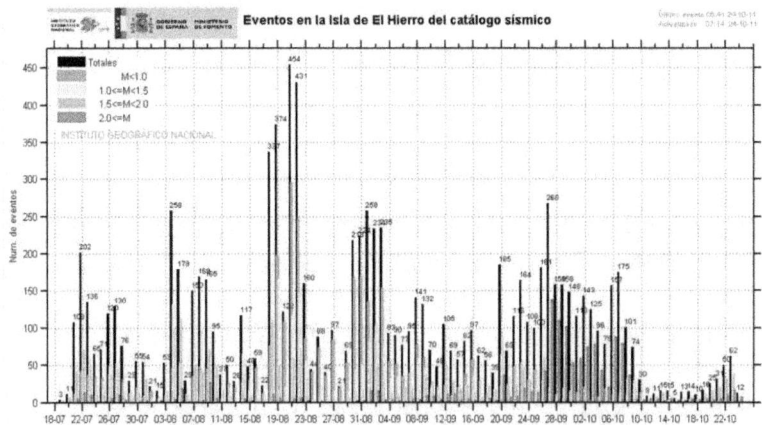

Auf der Verlaufstatistik ist das Ansteigen gut zu erkennen. Die
Grafik täuscht allerdings, da seit der Eruption das starke
Hintergrundrauschen des Tremor alle Erdstöße unter 1,5 fast
verschluckt und nicht ausgewiesen werden können.

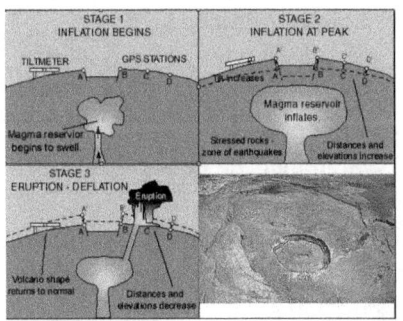

Hier habe ich eine simple und
leicht verständliche Grafik der
Uni Frankfurt zur Ausdehnung,
auch Wölbung oder Blasen-
bildung, der Erdoberfläche vor
einem Vulkanausbruch
gefunden. Achten Sie bei Bild 1
auf den sog. Tiltmeter. Die
Magmakammer füllt sich und
braucht mehr Raum, die Erdoberfläche wölbt sich, auch Inflation
genannt (Bild 2). Es erfolgt die Eruption und die nun entleerte
Magmakammer füllt sich wieder mit zurück fließender Magma oder

Gestein auf. Das nennt man Deflation. Zurück bleibt ein Vulkankrater oder im Extremfall eine große Caldera (Senkkrater) wie hier auf La Palma.
Genau dieser Vorgang erfolgte auf El Hierro vor Beginn der Eruption im Süden. Gemessen wird das mit genauen GPS Geräten. Nun beobachten wir wieder ein leichtes Ansteigen der Inflation. Die Magmakammer füllt sich aus dem Erdinnern auf und das verursacht wahrscheinlich die Beben im Golfotal.

Heute hat sich auch die Kanarische Presse des Missmanagement und der schlechten Informationspolitik des Krisenstabes (Pevolca) angenommen.
Die Diario de Avisos, eine der größten Zeitungen schreibt sinngemäß:
"Mehr als ein Dutzend guter kanarischer Wissenschaftler kann die Vulkaneruption nur aus der Ferne als Zuschauer und am Bildschirm tatenlos mit verfolgen. Sie wurden nicht gefragt oder in den Krisenstab nach El Hierro eingeladen.
Glauben Sie nicht, dass ein Ozeanloge über die vielleicht giftige Zusammensetzung des Meereswasser Auskunft geben kann? Oder ein Biochemiker Spezialist auch für Gas ist? Alle wurden sie nicht gefragt und vom Katastrophenstab einfach ausgeschlossen.

Einzig das Nationale Geographische Institut (IGN) wurde herangezogen. Sie haben bisher zweifellos gute Arbeit verrichtet. Aber mit den richtigen Spezialisten wären manche Entscheidungen besser und vor allem schneller möglich gewesen.
Die Unterwasser Hydrophone (Mikrofone) wurden zu spät montiert. Es fand lange Zeit keine Zusammenarbeit mit dem Spanischen und Kanarischen Institut für Meereswissenschaft statt.
Es ist eine Krise in der Krise, wenn Personalentscheidungen nicht nach Sachzwängen sondern nach sonstigen Abwägungen vorgenommen werden." - Ende des Zitat -

So lässt sich auch erklären, warum ein leistungsfähiges
Forschungsschiff wie die "Margalef" erst seit heute im Einsatz ist.
Auch die nicht nachvollziehbaren Entscheidungen um Restinga oder
den Golftunnel werden nun klarer.
Im Katastrophenstab sitzen meist Politiker aus Cabildo, Gemeinden,
Militär und Hilfsorganisationen. Die oder der Wissenschaftler vom
IGN hat nur eine beratende Funktion. Die Entscheidung treffen noch
immer die Politiker und so ist es auch mit der Informationspolitik.
Auch die Laprovincia schlägt in die gleiche Kerbe und kritisiert die
mangelhafte Zusammenarbeit zwischen den wissenschaftlichen
Institutionen und die Verwirrung der Behörden. Es gab bisher mehr
Fragen als Antworten.
Auch manch schockierende Erklärung wie die Antwort des
Sprechers der IGN auf die Frage eines Journalisten zum Stand und
der weiteren Entwicklung der Vulkanaktivität, antwortet der
Vulkanologe Ramon Ortiz : "Fragen Sie den Vulkan". Dies ist keine
vertrauensbildende Öffentlichkeitsarbeit und lässt an der
Kompetenz Zweifel aufkommen.
Hier rufe ich noch einmal eine Mail eines Lesers in Erinnerung der
schrieb:

Leider muss ich immer wieder feststellen,dass die Behörden
entweder keine,verspätete oder sehr abgeschwächte Informationen
heraus geben. Mich versetzt diese Tatsache viel mehr in Angst, als
das eigentliche Geschehen. Panik entsteht durch Unwissenheit und
nicht durch Aufklärung"

Kommentare:
„Ich verfolge die Ereignisse geraume Zeit und stelle fest, das
ziemlich wenig Fakten auf dem Tisch liegen. Ich versuche mal eine
Zusammenfassung:
Die Seismic liefert viele Daten, aber wenig Erklärungen, dito die
GPS-Daten. Optische Überwachung, sporadisch per Helikopter zeigt

Blasen, Explosionsanzeichen, tote Fische (Schwimmblase zerstört durch Explosion). Verfärbtes Meer, niedriger Ph-Wert (sauer).
In der Luft Schwefelgeruch, Messwerte Fehlanzeige? Magmatisches Material bis heute nicht nachgewiesen. Vorläufige, unvollständige Analyse der schwarzweißen Knollen zeigt Tonerde A2O3. (Quelle und Qualität der Analyse unklar)
Das ist für Tag 14 des Ausbruchs ziemlich dünn, oder? Ob das neue Boot die Informationspolitik verbessert?"

„Wahrscheinlich nicht!
Durch das neue Forschungsschiff mit seinem leistungsfähigen Roboter ergeben sich sicher neue und interessante Details. Ob sich aber die Öffentlichkeitsarbeit verbessert, eher nicht. Alleine der Krisenstab entscheidet welche Informationen heraus gegeben werden. Die Köpfe sind die gleichen und ob dort die Erkenntnis und der Durchblick inzwischen Einzug gehalten hat, ist stark zu bezweifeln."

Montag, 24. Oktober 2011 - 18:00 Uhr
El Hierro Vulkan - Was kommt nun ?

Das Zentrum der Erdstöße auch im Laufe des Tages, das Golfogebiet.

Um 9.26 Uhr ein Beben der Stärke ML2,5 und um 15.11 Uhr von ML2,9 . Dazwischen noch weitere kleinere Beben. Es kristallisiert sich immer mehr heraus, dass der Schnittpunkt der Beben, ca. 1km vor der Küste der alte Vulkanschlund der Vorzeit sein könnte.
Auffällig ist die Beben-Tiefe von ca. 20km. Waren es doch bei Beginn der Aktivitäten vor Wochen hier Beben in 10km Tiefe. Warum sich nun die Beben in tieferen Zonen abspielen, kann uns vielleicht ein Experte erklären. - Danke.
Ich könnte mir gut vorstellen, dass bei Zunahme der Bebenstärke in den nächsten Tagen, der Golfotunnel wieder gesperrt wird.

Was hören wir von offizieller Seite: Der Präsident von El Hierro hat erklärt, dass die aktuelle Situation sich viel länger als erhofft hinziehen kann und Ruhe bewahrt werden soll.

Dienstag, 25. Oktober 2011 - 10:27 Uhr
El Hierro Vulkan - leichte Entspannung angesagt

Evento	Fecha	Hora (GMT)*	Latitud	Longitud	Prof. (km)	Int. Max.	Mag.	Tipo Mag. (*)	Localización	Info
1107628	25/10/2011	07:12:42	27.7594	-18.0403	22		2.2	4	W FRONTERA.IHI	[+]
1107626	25/10/2011	06:29:41	27.7820	-18.0379	22		2.0	4	W FRONTERA.IHI	[+]
1107625	25/10/2011	06:01:46	27.7580	-18.0385	22		1.9	4	W FRONTERA.IHI	[+]
1107623	25/10/2011	05:13:57	27.7892	-18.0533	23		2.4	4	NW FRONTERA.IHI	[+]
1107616	25/10/2011	03:40:11	27.7854	-18.0562	21		2.6	4	NW FRONTERA.IHI	[+]
1107610	25/10/2011	02:26:03	27.7835	-18.0619	17		1.5	4	NW FRONTERA.IHI	[+]
1107606	25/10/2011	02:19:32	27.7525	-18.0332	22		2.1	4	W FRONTERA.IHI	[+]
1107605	25/10/2011	01:57:55	27.7764	-18.0396	17		2.4	4	NW FRONTERA.IHI	[+]
1107603	25/10/2011	01:09:16	27.7691	-18.0477	22		2.2	4	W FRONTERA.IHI	[+]
1107556	24/10/2011	22:31:37	27.7642	-18.0461	21		2.3	4	W FRONTERA.IHI	[+]
1107553	24/10/2011	20:37:54	27.6680	-18.0472	15		1.8	4	SW EL PINAR.IHI	[+]
1107552	24/10/2011	20:24:02	27.7828	-18.0350	23		2.1	4	NW FRONTERA.IHI	[+]
1107550	24/10/2011	19:55:00	27.6868	-18.0663	25		1.7	4	W EL PINAR.IHI	[+]
1107549	24/10/2011	19:38:01	27.7980	-18.0548	21		2.2	4	NW FRONTERA.IHI	[+]

Auch in den vergangenen 12 Stunden war das Golfotal Zentrum der Beben. Da alle Erdstöße ihren Ursprung in 18 - 22 km Tiefe haben, vermuten jetzt auch Vulkanologen, dass die Magmakammern sich mit neuem Material auffüllen. Die stärksten Beben mit 2,4 und 2,6 auf der Richterskala erfolgten um 3.40 bzw. 5.13 Uhr. Da der Magmaaufstieg (Tremor) unvermindert anhält ist äußerste Wachsamkeit angesagt. Die Wissenschaftler beobachten die Entwicklung rund um die Uhr. Eine Aussage was als nächstes passieren könnte, ist nicht möglich. Alle Optionen sind offen.

Im Süden dagegen ist Entspannung angesagt. Die Eruptionstelle hat laut IGN Frau Carmen Lopez fast keine Aktivitäten mehr zu verzeichnen. Dies ist aber normal und häufig bei Vulkanen

beobachtet worden. Ruhepausen von Tagen, die sich auch über Monate hinziehen können, sind möglich.
Das noch zu beobachtende und an die Meeresoberfläche hoch gespülte Lavamaterial sinkt nach einigen Stunden, sobald es genügend Wasser aufgenommen hat, wieder zum Meeresgrund ab.

Bei jedem Ausbruch entstehen durch die Lava neue Gesteins-Mischungen, die natürlich auch einen Namen brauchen. Im Gespräch ist das neue Lavagemisch "Restingolitas" zu taufen. Wenn schon keine neue Insel, dann dafür aber ein neuer Stein.
Der ROV Tauchroboter ist seit gestern im Einsatz. Für Morgen werden erste Bilder, vielleicht auch ein Video, von der Eruptionstellen erwartet.

Dienstag, 25. Oktober 2011 - 20:36 Uhr
El Hierro Vulkan - Kraterdurchmesser von 120 m

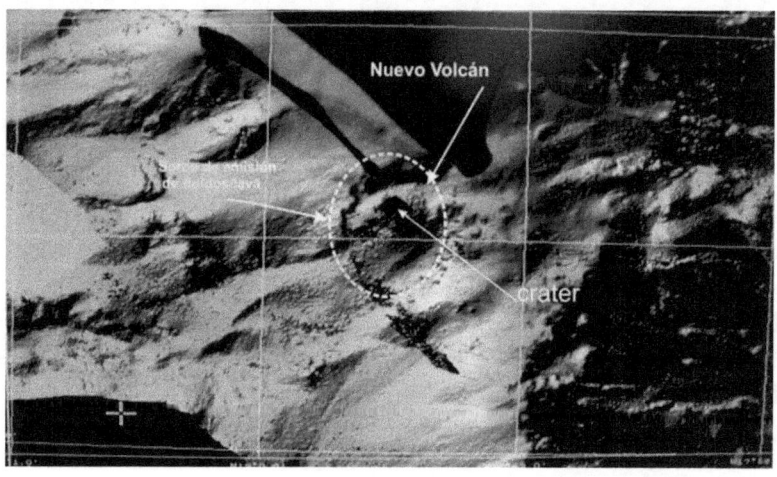

Jetzt steht es fest. Die Eruption im Süden bei Restinga war nicht nur ein kleiner Seitenschlund mit einer Krateröffnung von 1 m².

Heute wurde festgestellt, dass es sich um einen richtigen großen Vulkan mit einem Kraterdurchmesser von 120 m handelt. Die Basisbreite des neuen Vulkan beträgt 700 m und seine Höhe zur Zeit 100 m. Er liegt mit seinem Sockel in 300 m Tiefe. Die Vulkanspitze also noch 200 m unter dem Meeresspiegel.
Die Lage ist aus der Hochfrequenz-Sonar Aufnahme der IEO ersichtlich. Besseres Bildmaterial soll morgen verfügbar sein.
Die Fachwelt staunt und die Politiker lassen sich beglückwünschen. Ermöglicht wurden die Vermessungen durch den Einsatz des ROV Roboter Liropus. Zusammen mit seinem Mutterschiff Ramon Margalef und hochqualifizierten Menschen an Bord ist er seit Montag auf Exkursion.
Heute galt er für zwei Stunden als verschwunden. Dies wurde später dementiert bzw. der ROV wurde inzwischen wieder eingefangen.

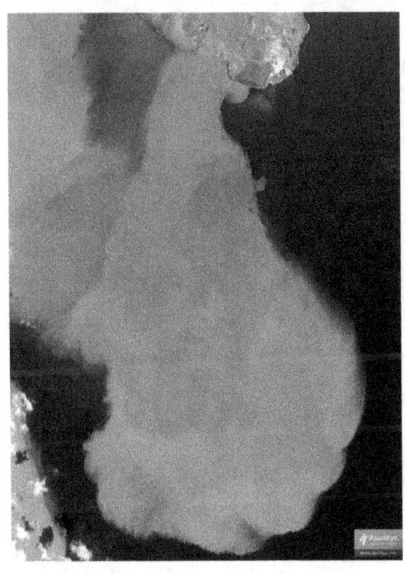

Eine Satellitenaufnahme von Rapideye zeigt das ganze Ausmaß des grünen Teppich auf der Meeresoberfläche. Die Aufnahme wurde vor einigen Tagen geschossen. Auch hier im Vulkangebiet im Süden gab es heute wieder einige Erdstöße. Auch im Golfotal kommt die Magmakammer nicht zur Ruhe. Eine Reihe von Beben bis ML2,7 um 17.37 ließ die Bewohner aufhorchen. Auch wenn jetzt einige Medien das Ende der Beben herbei schreiben und beerdigen wollen, - wir befinden uns noch mitten drin.

Kommentare:
„Ich muss da was "korrigieren".
Beben unter der Stärke 3 sind für die allermeisten Menschen im Alltag nicht spürbar. Und ich denke nicht, dass alle Bewohner im Golfotal 24h am Tag vor dem PC sitzen und darauf warten, dass ein neues Beben in der Statistik auftaucht ;). Was aber in den nächsten Tagen geschieht, ist unklar."

„1. korrigieren müssen Sie Herrn Betzwieser gar nicht
2. sie schrieben....Beben unter der Stärke 3 sind für die allermeisten Menschen im Alltag nicht spürbar.
Richtig .... für die allermeisten Menschen im Alltag.....und der Alltag sieht bei jedem anders aus...und jeder Mensch ist anders "empfindlich"...
Und wenn die Beben in der Statistik Online zu lesen sind (sie schrieben "auftaucht") dann kann man diese sowieso nicht mehr spüren.... aber hören kann man solche Beben....kennen Sie das einfachste hörbare Seismometer?
Irgend eine große Fensterscheibe im Haus.....
an deren Oberseite im Sturz mittig zum Fenster befestigt ein Angelseil (Nähgarn) das bis zur Fenstermitte reicht wobei der Abstand zum Fensterglas nicht zu groß sein darf.......
und nun befestigen wir an den Angelseil (oder Nähgarn) etwas, was evtl. "rund" ist (es darf kein schwerer Gegenstand sein) und das dieses soll das Fensterglas nur mit seiner Außenkante berühren....
wenn wir solch ein Beben nicht spüren, so hören wir es auf jedem Fall!
So haben wir im Ruhrgebiet die Sprengungen "unter Tage" für uns "über Tage" hörbar gemacht!"

„Als Kind habe ich ein schweres Erdbeben auf der Schwäbischen Alb (mit starken Gebäudeschäden) hautnah miterlebt. Danach hatte ich jahrelang nachts Angst vor Erdbeben. Zwei mal bin ich danach

nachts aufgewacht, meine ein leichtes Erdbeben gespürt zu haben, habe auf die Uhr geschaut und am nächsten Morgen kam dann die Meldung von einem schweren Erdbeben irgendwo auf der Welt (Asien oder was weiß ich). Irritiert war ich nur, das meine Zeit und und die Uhrzeit des Bebens ca. 10-30 Minuten auseinander lagen. Heute weiß ich, die Erdbebenwellen brauchen eine Weile um den Globus. Seit dem ich keine Angst mehr habe, spüre ich auch nur noch die Beben, die auch andere Leute spüren.
Das nur zum Thema, was der "normale Bürger" so spürt.

Mittwoch, 26. Oktober 2011 - 9:01 Uhr
El Hierro Vulkan - Weitere Entwicklung ungewiss

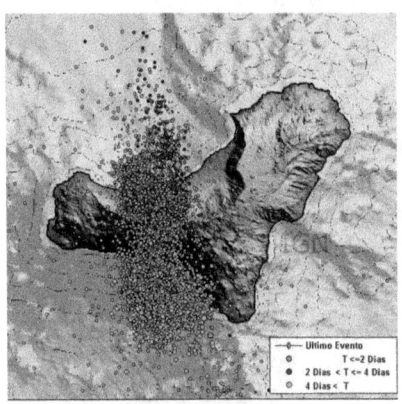

Auch in der vergangenen Nacht hielt die Bebenserie im Golfo an. Insgesamt hat sich die Intensität verstärkt. Die meisten Beben lagen um 2,5 RSK. Der kräftigste Erdstoß erfolgte um 7.07 Uhr mit 3,1 auf der Richterskala. Selbst die Geologen können sich so manche Vorgänge die im Augenblick ablaufen nicht schlüssig erklären.

Die grünen Punkte kennzeichnen die Beben der vergangenen Wochen. Die rötlichen Punkte, im Norden, die Beben der vergangenen Stunden. Insgesamt zeichnen die Punkte die ungefähre Lage und Größe der Magmakammer wieder. Wir sehen, daß der Umfang der Magmakammer vom Süden unter der Insel hindurch bis weit ins Meer vor dem Golfotal reicht. Die letzten Beben dürften auch ungefähr den Ausbruchsschlot des Urvulkan kennzeichnen.

Interessant ist die Tiefe der Beben. Lagen sie in den vergangenen

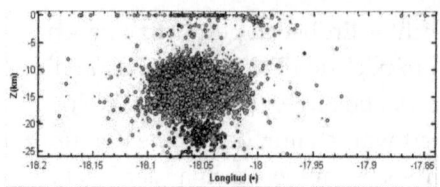 Wochen alle um den Bereich von ca. 10 km Tiefe, so sind die Jüngsten (Rot) jetzt in ca. 20 km Tiefe vorzufinden. Es bleibt zu vermuten, daß hier der Zufluss von neuer Magma aus dem Erdinneren Richtung höher liegender Magmakammer erfolgt.

Wie sagte heute am Morgen ein Wissenschaftler: Alles im Untergrund ist momentan in Bewegung. Ein Rückschluss auf die Entwicklung der nächsten Tage, wäre reine Spekulation. Dem möchte ich mich auch anschließen - es bleibt wissenschaftlich spannend, für die Anwohner aber leider weiter ungewiss.

Kommentare:
„Gut, prinzipiell ist es ja verständlich, dass man - aus wissenschaftlicher Sicht - momentan nicht Reagieren oder Vorhersagen kann, wenn die derzeit ablaufenden Prozesse nicht nachvollziehbar sind. Dennoch beschäftigt mich die Frage, was allgemein an Sicherheits- und Evakuierungsmaßnahmen vorbereitet ist. So ein Evakuierungsplan müsste doch theoretisch schon ausgearbeitet vorliegen und würde - im Falle einer Veröffentlichung - den Anwohnern und Betroffenen vielleicht ein klein wenig Sicherheit bieten, denn das sind wenigstens Dinge, die man beeinflussen könnte.
Zudem müsste es doch sicher eine Art "Deadline" geben, ab der ein Evakuierungsplan eintritt. Wie soll diese "Deadline" aussehen und an welchem Ereignis soll diese denn festgemacht werden? Es enttäuscht mich, dass studierte Wissenschaftler und Politiker auf eine kleine Insel schauen und KEINEN PLAN haben... Es wird immer geschrieben, dass ein Vulkan unberechenbar ist - kann man dann nicht wenigstens das "berechenbare" in die Hand nehmen und sagen, meinetwegen ab einer Bebenstärke von 4,0 tritt ein

Evakuierungsplan in Kraft - wenn auch stufenweise..."

„Evakuierungspläne gibt es. Schon vor Monaten sind Experten in alle Dörfer, Schulen und bis zu den abgelegensten Höfen gefahren um die Bevölkerung mit dem Evakuierungsplan vertraut zu machen. Es wurden Treffpunkte vereinbart wo sich die Bevölkerung einzufinden hat, wenn Alarm angesagt ist."

„Allein die Topografie des Golfotales macht eine effektive Evakuierung im Ernstfall (also im Falle eines Ausbruches im Golfo selbst) fast unmöglich. Bei einer massiven Explosion unter Wasser würde eine große Menge an Wasser in Bewegung gesetzt, die das Anlanden von Schiffen, beispielsweise in Las Puntas, unmöglich machen würde. Die einzige Passstraße über den Kamm würde die Kapazität von 3000 Menschen - ca. 1500 Autos - nicht aufnehmen können, um eine kurzfristige und schnelle Flucht zu gewährleisten. Aus diesem Grund finde ich es mehr als notwendig, einen geeigneten Plan zu erarbeiten, der bereits außerhalb der möglichen Gefahrensituation greift - wie ich schon schrieb, eben anhand einer gesetzten "Deadline" die an ein bestimmtes Szenario gebunden ist. Warum kann dieses tolle Forschungsschiff nicht auch im Golfo kreuzen und dort ebenfalls eine Unterwasserkarte erstellen. Das hilft vielleicht gewisse Risiken einzugrenzen. Eventuell gibt es aber auch dort schon Risse im Meeresboden, anhand derer man eine Risikobewertung vornehmen kann. Geologen muss es doch möglich sein, auf Grund gewisser ISTWERTE zu berechnen, ob ein Beben der Stärke 4 oder 5 ausreichen würde, um den Druck im Erdinneren abzubauen - in Form einer Explosion. Mir fällt es wirklich schwer daran zu glauben, dass diese Magma nur einfach so vor sich hin blubbern wird. Die Form des Inselkegels, dessen Spitze ja nur als Insel sichtbar ist, lässt für mich sehr viel Spielraum für Eventualitäten. Ich glaube nicht, dass die Wissenschaftler und Politiker das anders sehen, nur werden die durch die wirtschaftlichen Interessen der betreffenden Anwohner ausgebremst, weil man im Falle einer "Fehlentscheidung" ausgleichen müsste..."

Mittwoch, 26. Oktober 2011 - 19:00 Uhr
El Hierro Vulkan - Was nun tun ?

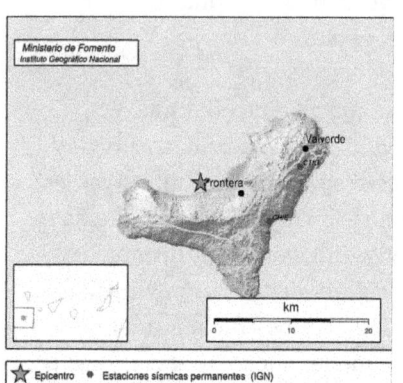

Die Beben im Golfotal halten an, wenn auch etwas abgeschwächt. Das letzte Beben mit einer Stärke von ML2,4 um 15.07 Uhr lag in 26 km Tiefe. Das Zentrum wenige Kilometer vor der Küste entfernt (siehe Karte).

Um etwas Aufklärung und hoffentlich Information unter die Bewohner von La Frontera zu bringen, wurde vom Ayuntamiento (Rathaus) für morgen, Donnerstag Abend 20.30 Uhr, vom Alcalde David Cabrera de Leon eine "Bürgerversammlung" auf der Plaza de Tigaday einberufen. Es bleibt zu wünschen, dass durch offene Kommunikation vorhandene Fragen auch beantwortet werden können. Zuviel sollte man aber nicht erwarten, da auch ein Bürgermeister kein Hellseher ist.

Aufmerksam verfolge ich natürlich die Kommentare die sich heute schwerpunktmäßig um Notfallplanung drehen.
Notfallpläne sind vorhanden und die Umsetzung wird auch funktionieren. Aus eigener Erfahrung weiß ich von La Palma, dass im Ernstfall kurzfristig alles was Beine oder Räder hat mobilisiert werden kann. Erlebt habe ich große Waldbrände, zuletzt vor zwei Jahren als fast der gesamte Südteil der Insel in Flammen stand.

Damals mussten über Nacht mehrere Orte evakuiert und Löschmannschaften (600 Feuerwehrleute) kurzfristig mit Material versorgt und Hubschrauber sowie Löschflugzeuge herangeschafft werden. - und es hat geklappt, sogar prima geklappt.
Es liegt auch an der Mentalität und Hilfsbereitschaft der Menschen hier, die anders als in Deutschland, ihr letztes Hemd und sogar wenn es sein muss ihr Leben für den Nachbarn, Freund oder Inselbewohner einsetzen.
Auf El Hierro bereitet mir eine ganz andere Frage Kopfzerbrechen und ich habe schon mehrfach daraufhin gewiesen. Gerade das Golfotal hat nur drei Zu- oder Ausgangswege (siehe Beitrag vom 22.10.11).
Zwei dieser Wege sind stark von Steinschlag und Erdrutsch gefährdet und nach einem kräftigen Beben sicher nicht mehr ohne weiteres passierbar. Ich glaube nicht, dass diese Überlegung bei aller Notfallplanung genügend eingeflossen ist. Es müssen schließlich mehrere Tausend Menschen kurzfristig das Tal verlassen.

Ich schreibe hier nicht als Laie, sondern als ehemaliges langjähriges Mitglied und Berater eines deutschen Katastrophenstabes, der an vielen Planübungen und Übungsdurchführungen mitgewirkt hat. Auch sind mir die örtlichen Verhältnisse der Insel bestens bekannt.

Wichtig ist für mich, den richtigen und rechtzeitigen Zeitpunkt einer evtl. Räumung des Tales vorher zu sehen. Dies sollte - nein, dies muss eindringlich den Verantwortlichen klar gemacht werden. Vielleicht wurde dies ja bereits berücksichtigt - mir liegen die Pläne nicht vor.
Bitte unterstellen Sie mir jetzt nicht Panikmache oder sonstige Dinge. Ich meine es ehrlich und habe die Schwachstellen längst erkannt und betrachte es als meine Pflicht darauf hinzuweisen.
Natürlich hoffe ich sehr, dass alles friedlich und ohne weiteren Schaden anzurichten, zu einem glücklichen Ende kommt.

Donnerstag, 27. Oktober 2011 - 9:47 Uhr
El Hierro Vulkan - Beben mit 3,0 Richterskala

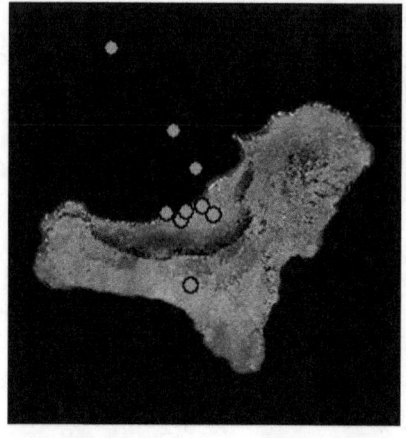

Auch in der vergangenen Nacht gab es wieder eine Reihe von Beben im Golfotal. Zwei davon erreichten die Stärke von ML3,0 um 20.29 Uhr und um 6.27 Uhr heute Morgen. Die Heftigkeit der Erdstöße nimmt zu und die Konzentration (Grafik) liegt direkt im Küstenbereich. Die Beben arbeiten sich langsam nach oben und haben in ihrer Spitze bereits 14 km Tiefe erreicht. Es ist davon auszugehen, dass in den nächsten Tagen wieder das alte Level, die eigentliche Hauptkammer in 10 - 12 km erreicht wird.

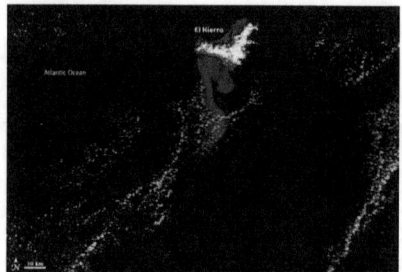

Eine Satellitenaufnahme der NASA zeigt das ganze Ausmaß der "grünen Brühe" im Süden von letzter Woche. Der geschätzte Umfang an der breitesten Stelle ca. 25 - 30 km und eine Länge von ca. 100 km. Es war also nicht nur ein kleines "Blubbern", sondern aus dem 120 m breiten Vulkanschlund wurden große Mengen Lava und Gas ausgespuckt.
Welche Schäden dem Ökosystem und den Fischen im Wasser zugefügt wurden, werden wir erst so nach und nach erfahren. Wasseruntersuchungen im Südsektor haben ergeben, dass der Ph-Wert stark gesunken und die Sulfatkonzentration angestiegen ist. Das Baden im Meer wird wird vom Krisenstab (Pevolca) nicht

empfohlen. Hier fällt wieder auf, dass keine genauen Messergebnisse die anderweitige Rückschlüsse ziehen lassen, heraus gegeben werden. Auch scheut man sich ein klares Badeverbot auszusprechen und klipp und klar über die evtl. Folgen eines Wasserkontaktes zu informieren. Aber diese Besänftigungspolitik kennen wir ja bereits, ganz nach dem Motto: Die Bevölkerung versteht das so und so nicht und soll uns blind vertrauen!

Ab heute wird das Forschungsschiff "Ramon Margalef" mit seinem ROV Roboter den Golfo im Westen unter die Lupe nehmen. Nicht, dass uns hier auch noch ein Riss oder bereits geöffneter Krater durch die Lappen geht. Unterwasser Bilder oder Videos vom Südvulkan **1803-02** - das ist der wissenschaftliche Name, liegen leider noch nicht vor.

Donnerstag, 27. Oktober 2011 - 18:48 Uhr
El Hierro Vulkan - keine Ruhe

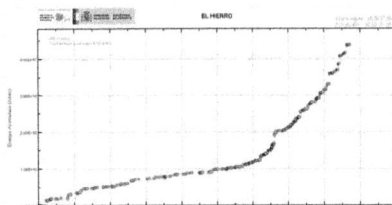

Der Vulkan gibt keine Ruhe. Wie heute Morgen bereits vermutet gehen die Aktivitäten ohne Unterbrechung weiter. Um 14.02 Uhr wurde wieder die Stärke ML3,0 erreicht. Ein Beben ereignete sich um 15.07 Uhr in nur 9 km Tiefe. Ich denke, dass nun in der Magmakammer ein Umwälzungsprozess einsetzt. Heiße Teile steigen auf und kühlere Massen sinken nach unten. Dabei entstehen die kleineren Erdstöße.

Auch die kumulierte Energiekurve weist seit 23.10.11 steil nach oben. Kein gutes Omen!

Das verfärbte Meereswasser aus dem Süden "die grüne Brühe" zieht weiter um die Insel und wurde bereits an der Küste von Sabinosa (Golfotal) gesichtet.

Nach Meinung von Experten wurden bei dem Vulkanausbruch bisher über 40 Millionen qm³ Lava und Gase ausgestoßen.
Der ROV-Roboter konnte noch keine Nahaufnahmen abliefern, da die Temperatur in Nähe der Eruptionstelle im Süden bei über 60° liegt und die empfindlichen Sensoren bei Überhitzung zerstört werden. Auch ist die Sicht unter Wasser durch Schwebeteilchen stark eingeschränkt.

Der ROV-Liropus 2000 wird in Texas gebaut und über die schottische Firma Sub-Atlantik in Europa vertrieben. Das Grundgerät ist der Super Mohawk II und modifiziert mit speziellem Zubehör 1,45 Mill. Euro wert. Weltweit wurden bisher 22 Exemplare ausgeliefert. Auch Deutschland verfügt in Kiel über ein ähnliches Gerät. Die US Marine setzt es als Minenräumer ein. Der spanische Liropus 2000 verfügt über 6 Motoren und taucht bis 2000 m Meerestiefe. Außer seinen drei hochauflösenden Kameras misst er Temperatur, Druck und Salzgehalt und kann über seinen Saugrüssel flüssige und gasförmige Proben einsammeln.

Mit seinen Greifarmen fasst er wie eine menschliche Hand Gesteins- und Lavaproben. Besonders die Ausleuchtung seiner Blickrichtung mit leistungsstarken Lampen von 17000 Lux, das entspricht der Leistung von 17x einer 100 W Glühbirne, macht ihn zum verlängerten Arm am Meeresgrund. Seine Nutzlast (z. B. Lava- und Gesteinsproben) können bis zu 77 kg betragen.

Dieser nun in El Hierro eingesetzte ROV wurde Anfang 2011 an das Institut für Oceanography in Barcelona ausgeliefert und befindet sich jetzt im Ersteinsatz. Bleibt zu hoffen, dass er die hochgesteckten Aufgaben und Ziele auch erfüllen kann.

Kommentare:
„Aus Jungewelt.de vom 28.10.2011
Nun jedoch rückt eine von Menschen gemachte Gefahr in den Mittelpunkt der Aufmerksamkeit. Etwa 20 Kilometer von der Küste und nur wenige Kilometer von dem neuen Vulkan entfernt wurde bis 1982 radioaktiver Müll versenkt, wie sich Anwohner bis heute erinnern. Umweltaktivisten hatten damals heftig dagegen protestiert und Aktionen organisiert. Eine solche Versenkung radioaktiven Mülls in die Tiefen des Meeres gehörte damals noch zu den zugelassenen Entsorgungsmethoden und wurde erst 1994 verboten. Riesige Atommüllager unter Wasser aus dieser Zeit befinden sich beispielsweise an der Pazifikküste der USA und auch etwa 700 Kilometer nordwestlich der spanischen Küste, wo auch die OECD-Staaten über Jahre hinweg ihren Müll unter anderem mit Hilfe des holländischen Frachters »Scheldeborg« entsorgten. Weltweit gibt es solche Entsorgungspunkte in den Tiefen des Meeres, zumeist vergessen und ohne Kontrolle.
Gegenüber der auf den Kanarischen Inseln erscheinenden deutschsprachigen Zeitung Kanaren Express wollten sich lediglich die damals beteiligten Umweltaktivisten an das genaue Geschehen vor El Hierro erinnern. Das spanische Büro für nukleare Sicherheit teilte auf Anfrage mit, dass es keine Kenntnisse über eine solche Entsorgung habe, und auch das Deutsche Amt für Strahlenschutz wollte nichts von solchen Fässern wissen. Eine Sprecherin des 1984 gegründeten spanischen Staatsunternehmens ENRESA, das für die Verwaltung radioaktiver Abfälle zuständig ist, wies gegenüber junge Welt jede Verantwortung zurück: »Für die alten Praktiken ist unser Unternehmen nicht zuständig.« Auch eine Pressesprecherin der OECD in Paris ließ verlauten, dass sie nichts von einer radioaktiven Entsorgung im Atlantik in den 70er und 80er Jahren wisse. Die Regierung der zu Spanien gehörenden Kanarischen Inseln verweigerte jede Stellungnahme.
Doch die Lagerstätten sind den Umweltaktivisten durchaus bekannt,

und sie wehren sich gegen das Vergessen, wie Julian Cruz, ein Experte der Umweltschutzorganisation Ben Magec auf Teneriffa, bestätigt. Das unkontrollierte Verrotten der Fässer mit dem tödlichen Inhalt stelle eine permanente Gefahr für das Leben in diesen Gebieten dar und könne über die Nahrungskette auch Menschen in anderen Regionen der Welt erreichen. Welche Folgen die vorzeitige Zerstörung der Behälter durch Naturgewalten nach sich zieht, könne sicherlich nur am Einzelfall geklärt werden. Aber dafür müssten solche Lagerstätten, wenn man sie schon nicht mehr beseitigen kann, unter entsprechender Kontrolle stehen. Das aber muss bezweifelt werden, wenn die dafür zuständigen Organisationen und Behörden sogar deren Existenz bestreiten."
So etwas "findet" man zufällig - informiert wird offiziell nicht!"

„Viele sprechen von Verschwörungstheorie oder Schwachsinn oder Lügen oder es wird abgestritten wenn man von den nuklearen Abfällen spricht rund um die kanarischen Inseln, aber wenn man sich auf die Suche macht, wird man sehr wohl fündig."

„Selbstverständlich ist das dumme Panikmache! Gefährlicher ist es eine alte Armbanduhr mit Leuchtziffern am Handgelenk zu tragen! Oder sich einmal im Jahr röntgen zu lassen. Nicht einmal in 100.000 Jahren gelangen diese radioaktiven Substanzen in den Nahrungskreislauf, auch wenn die Fässer komplett ihren Stahlmantel verloren haben!"

Freitag, 28. Oktober 2011 - 9:41 Uhr
El Hierro Vulkan - Tunnel wird geöffnet

Nun schon fast regelmäßig erreichen alle 6 bis 8Std. Beben die Stärke um 3,0 auf der Richterskala. So auch in der vergangenen Nacht um 22.29 Uhr und 4.11 Uhr. Wie diese Erdstöße vom Seismographen aufgezeichnet werden, habe ich mit Pfeilen am Beispiel des 4.11 Uhr

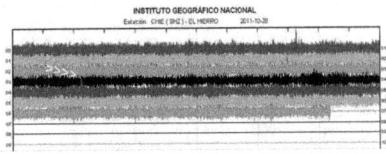
Beben kenntlich gemacht. Die breiten und bunten Zitterlinien zeigen die Bewegungen und kleinen Beben des aufsteigenden Magma an. Auch Tremor genannt. Hier ergaben sich die letzten Tage keine großen Veränderungen. Erst wenn diese Zitterlinien zum Stillstand kommen, wissen wir dass der Magmafluß stoppt.

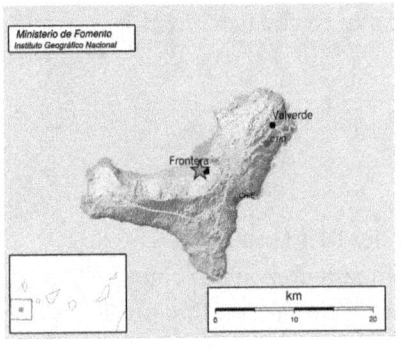
Interessant und zugleich beunruhigend, der Erdstoß um 22.29 Uhr befand sich direkt unter Tigaday - Guinea, in 20 km Tiefe. Nur wenige km vom Golfotunnel Eingang entfernt. Gestern hat nämlich der Krisenstab (Pevolca) entschieden, das Tunnel für den allgemeinen Verkehr rund um die Uhr wieder zu öffnen. Es bestehe nun keine Gefahr mehr durch Beben und herabstürzende Felsbrocken. Dazu wurde in den letzten Tagen ein 7 m hoher und 100 m langer Fangzaun am Tunneleingang errichtet. Ob diese Maßnahme ausreicht wird sich noch zeigen.

Für das Südort Restinga bestehe nun auch keine Gefährdung mehr. Die Schule wird ab heute wieder geöffnet. Die Alarmstufe bleibt auf "ROT". Für den Fall einer doch notwendigen Schnellevakuierung bleiben die Busse und die Rot Kreuz Einheit vor Ort.
Die Lage im Golfo erfordere eine umfassende Studie, da die aktuellen Daten für eine Beurteilung noch nicht ausreichen.
So die Aussage und Begründung des Krisenstabes. Ohne meinen Kommentar heute.

Kommentare:

„So richtig kann ich nicht verstehen, dass der Tunnel rund um die Uhr geöffnet wird, da angeblich keine Gefahr besteht, obwohl die Bebenstärke zunimmt, die Bebenzentren immer mehr Richtung Festland wandern und die Tiefe der Epizentren immer geringer wird. Ist das nicht paradox??"

„Das ist Logik. Logisches Denken a`la Krisenstab. Ruhe und Gelassenheit zeigen. Es ist doch alles in Ordnung und fast normal. Wir haben den Vulkan fest im Griff. Für mich auch nicht nachvollziehbar."

Freitag, 28. Oktober 2011 - 18:30 Uhr
El Hierro Vulkan - Bebenserie

Eine **Bebenserie mit bis zu 3,3 auf der Richterskala** ließ heute Nachmittag das Golfotal erzittern. Innerhalb von nur einer halben Stunde ereigneten sich 7 Erdstöße. Den Auftakt machte um 14.16 Uhr ein Beben mit ML3,3 Der bisher stärkste Erdstoß im Golfo. Alle Bebenzentren lagen um die 20 km Tiefe im nahen Küstenbereich. Auch anschließend bebte der Küstenabschnitt weiter. Das letzte Beben um 15.54 Uhr mit ML2,2.

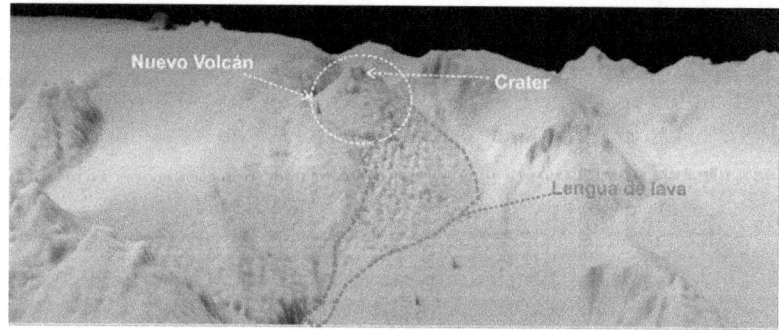

Aus den Unterwassermessungen des ROV Liropus im Süden der

Insel wurde vom Instituto Espanol de Oceanografia (IEO) ein digitales Unterwassermodell des neuen Restinga Vulkan erstellt. Sehr gut ist die Berg- und Talregion mit dem aufgeschütteten Vulkanhang zu erkennen. Die rote Linie kennzeichnet den Lavafluß auf den Meeresboden. Wenn man nicht wüsste, dass alles unter dem Meeresspiegel liegt, könnte das Landschaftsbild mit seinen Bergzügen und tiefen Barrancos auch die Insel El Hierro selbst sein.

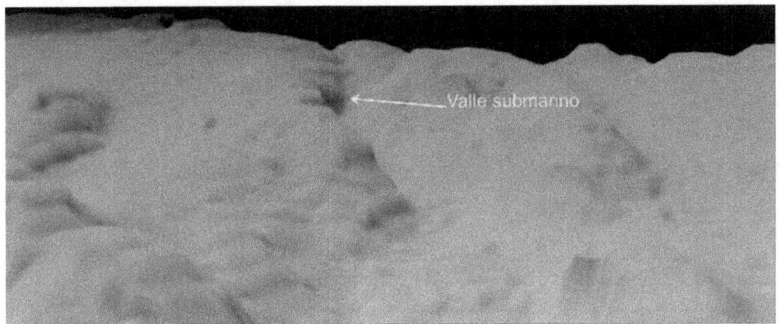

Um allen Gerüchten entgegen zu treten der neue Vulkan sei bereits vor langer Zeit entstanden, hier diese Aufnahme. Eine Echolot Vermessung der gleichen Unterwasser Gegend aus dem Jahre 1998, noch ohne Vulkan.
Festgestellt wurden heute auch leichte Deformationen des Golfotales. Der Untergrund wölbt sich nach oben, was auf einen sich erhöhenden Druck im Untergrund hinweist.
Nachtrag: Inzwischen weitere vier Erdstöße, das letzte Beben um ca.17.14 Uhr mit ML3,0.

Kommentare:
„Ich bin jetzt leider kein Profi in diesen Dingen, aber wenn es Hinweise auf sehr hohen Druck gibt, könnte es dann sein, dass ein weiterer Ausbruch statt findet, der eventuell explosiv sein könnte? Ich finde es immer noch schade, dass man von offizieller Seite kaum

Informationen über die Vorgänge erhält. Damit meine ich keine Panikmache, sondern sehe die Notwendigkeit die Bevölkerung zu schützen.
Ich habe manchmal den Eindruck, die Behörden halten sich zu sehr zurück um mögliche Touristen nicht abzuschrecken."

„Dem ist leider so. Nicht nur Touristen, sondern auch um die eigenen Leute zu beruhigen. Eine trügerische und vor allem gefährliche Verharmlosung."

„Ich finde dies ist der informativste Blog über die vulkanischen Aktivitäten auf El Hierro.
Hier wird gelassen sachlich dargestellt und die Kommentare und deren Links sind ebenso informativ und sachlich."

„Danke für die ausführliche Berichterstattung. Sie Ist neutral, informativ und mit (berechtigten) Kommentaren. Man ist quasi live dabei.
Auch nach meinen Ferien auf Fuerteventura bin ich sehr am Geschehen interessiert und mittlerweile schon fast ein kleiner Experte bei den vielen lehrreichen Informationen. Leider ist das Ganze in den Schweizer-Medien kein Thema wert."

„Das eingesetzte Echolotgerät (EM-710) ist auf der Ramon Margalef fest eingebaut, das ROV ist dafür erfreulicherweise nicht notwendig. Eine Position für den neuen Vulkan habe ich auch gefunden: 27°37'12" Nord, 17°59'30" West.
Die Behörden haben schon vor einiger Zeit vor explosiven Ausbrüchen gewarnt, wenn die Eruption in flacheren Gewässern stattfindet. Für größere explosive Ausbrüche an Land gibt es keinerlei Hinweise. Alle auf El Hierro zu findenden Schlackenkegel haben etwa so wie der Stromboli agiert. In unmittelbarer Nähe sollte man aber auch da nicht sein."

„Jo´n Fri´mann ist ebenso besorgt über eine evtl. Verbindung der beider Magmablasen unter dem Golfotal.
Er ist jedenfalls Experte und befürchtet ebenfalls, das hier evtl. plötzlich ohne weitere Vorabbeben sich direkt an der Küste ein neuer Schlot bei weiter ansteigendem Druck öffnen könnte. Dies würde die Bevölkerung im Golfotal massiv gefährden.
Aus meiner Sicht ist jetzt der Zeitpunkt erreicht, wo man die wirtschaftlichen Interessen mal zurückstellen sollte, die wichtigsten Dinge packen sollte und das Golfotal eine Weile zu verlassen solange es noch möglich ist. Zur Zeit scheint der Bereich bei Valverde noch recht sicher zu sein. Dort ist ja auch der Flughafen und in Tamaduste ein Bootssteg und Puerto de la Estace ein Jacht-Hafen, um die Insel notfalls verlassen zu können falls er anfängt zur Sache zu gehen"

Samstag, 29. Oktober 2011 - 10:38 Uhr
EL Hierro Vulkan ... und kein Ende

Die Bebenserie hält unvermindert an. Auch in der Nacht und heute Morgen gab es Beben um die ML3,0. Um 22.56 Uhr mit 3,1 und um 6.19 Uhr mit ML3,0. Dazwischen viele kleinere Erdstöße. Das Zentrum der Beben im Golfo in ca. 20 km Tiefe.
Die CO^2 - Werte erhöhen sich durch den vermehrten Gasausstoß aus der Erde. Noch im moderaten Rahmen, aber erhöht.
Oben eine Gesamtansicht des schönen Golfotales von Norden, mit der Gemeinde La Frontera und ganz in der Ferne an die Felswand geklebt der Ort Sabinosa.

Für alle Leser die El Hierro nicht persönlich kennen, einige Details zu den örtlichen Verhältnissen.

Im Norden (weißer Pfeil) die Straße zum Tunneleingang. Rote Markierung die einzige Bootsanlegestelle Punta Grande. Nur für kleine Boote geeignet. In der Bildmitte und nicht erkennbar führt links die alte Bergstraße, steil und kurvenreich aus dem Tal über die Berge.

Im Süden gibt es nur diese kleine Küstenstraße bei Sabinosa bzw. Pozo de la Salud vorbei aus dem Tal. Das wären die Fluchtmöglichkeiten. Ist nun einer oder gleich mehrere der Wege durch verstärkte Bebenaktivität und Steinschlag oder Erdrutsch verschüttet, sitzen die Anwohner in einem Käfig. Stärkere Erdbeben um die ML4,0 reichen aus um dieses Szenario auszulösen. Auch in der

Vergangenheit haben bereits starke Regenfälle mit Steinschlag ausgereicht die Berg- und Tunnelstraße unpassierbar zu machen.

Bei der Krisenversammlung in Tigaday (Frontera) sprach erstmals der Dir. des Geologischen Institut (IGN) offen und ehrlich aus, was ich und die Kommentatoren schon lange fordern. "Jedes Szenario ist möglich. Ein neuer Vulkanausbruch kann sowohl im Wasser als auch an Land erfolgen. Unsere bisherigen Daten lassen alle Möglichkeiten offen"

Prima - und nun. Abwarten und Tee trinken oder Vorsorgemaßnahmen einleiten.
Denkbar wäre für mich alle Kinder, ältere Menschen und Anwohner die zur Zeit nicht unbedingt im Golfotal gebraucht werden, zu evakuieren. Das muss keine Zwangsmaßnahme sein, sondern es reicht eine Empfehlung. Jeder der 1+1 zusammen zählen kann, wird dieser Empfehlung ohne Protest folgen. Viele haben im Norden oder auf der Ostseite um Valverde Verwandtschaft, wo sie für ein paar Tage unterkommen können. Zudem gibt es die vorbereiteten Notquartiere.
So könnte sich die Einwohnerzahl auf 1000 - 1500 Menschen halbieren. Im angenommenen Erstfall wäre es dann wesentlich leichter und einfacher die noch verbliebenen Bewohner schnell aus der Gefahrenzone zu holen.
Zu dem gestern vorgestellten Digital Modell der IEO gibt es noch ein Video des neuen Südvulkan "Eldiscredo"

Samstag, 29. Oktober 2011 - 12:14 Uhr
El Hierro Vulkan - Beben von 3,3 Richterskala um 10.46 Uhr

Ein neues Beben der Stärke 3,3 auf der Richterskala hat um 10.46 Uhr das Golfotal erschüttert. Das Zentrum des Beben lag in 22 km Tiefe.

Foto: RapidEye
Diese Aufnahme von einem privaten Satelliten zeigt die Verteilung der "grünen Brühe" nun auch Richtung Westen. Bis zum südlichen Teil des Golfo (Pozo de la Salud) ist die von Vulkangas und Lava gefärbte Meeresoberfläche inzwischen voran gekommen. Die eigentliche Eruptionstelle liegt im braunen Bereich an der Südspitze der Insel.

Kommentare:
„Die "grüne Brühe" sieht man seit gestern in der ganzen Bucht vor El Golfo bis hin zu den Roques del Salmor.In der Höhle eines Bekannten, nahe der Küste unterhalb Los Llanillos, riecht es auffallend stark nach Schwefel!!"

„Damit dürften dann auch die Fischer im Golfo keine Arbeit mehr haben, da vermutlich auch hier jetzt alle Fische verenden. Einerseits schlecht fürs Geschäft, andererseits können sich diese Personen jetzt auch auf die sicherere östliche Seite der Insel begeben."

„Mit 3.6 Magnituden auf der Richterskala wurde heute Nachmittag das 2. stärkste Beben seit dem Sommer verzeichnet! Die Aktivität

(vor allem die stärkeren Beben) scheint sich zunehmend zu verstärken! Falls dies so weitergeht, müsste man evtl. langsam aber sicher Leute evakuieren.
Die Stärke 3.6 müsste so ziemlich von jedem wahrgenommen werden, egal was man gerade für eine Tätigkeit ausführt."

Samstag, 29. Oktober 2011 - 17:08 Uhr
El Hierro Vulkan - jetzt wird es ungemütlich

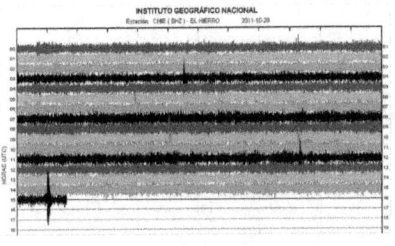

So langsam wird es ungemütlich. Ein Beben von ML3,6 um 15.04 Uhr in 23 km Tiefe im Golfo - Meeresgebiet. Der stärkste Erdstoß der je im Golfo gemessenen wurde. Die Bebenstärke wird nach meiner Erfahrung weiter ansteigen.
Die eigentliche Gefahr ist jetzt nicht primär der Vulkan, sondern die Beben und die damit zusammen hängenden Auswirkungen. Ich hatte erst heute Morgen erneut darauf hingewiesen. Gefährlich kann es ab der Stärke ML4,0 werden.
Auch die festgestellte Verformung des Tales lässt aufhorchen, die mit GPS Messdaten rechnerisch ermittelt wurde.

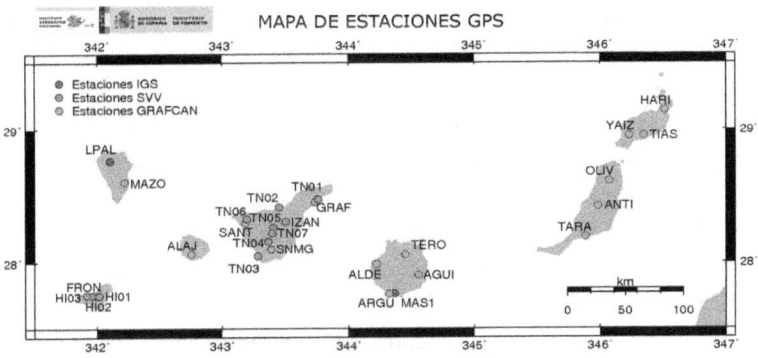

Das Instituto Geográfico Nacional (IGN) stellt für die Insel El Hierro GPS Daten zur Verfügung, welche die Verformung (sp. deformación) messen. Die Verformung wird in den Grafiken von IGN als Änderung der Distanz zwischen zwei Orten angezeigt. Diese Distanzen werden aus den GPS Daten dieser zwei Orte berechnet. Wir können daraus schließen, dass Frontera (FRON) im Vergleich zu den Referenzpunkten bis zum 26.10.11 **um ca. 3,5 cm angehoben, um ca. 2 cm nach Osten und 3 cm nach Norden verschoben** wurde. Frontera liegt also nicht mehr genau an der Stelle wo es noch vor einiger Zeit gestanden hat.

Kommentare:
„Irgendwie wirklich alles sehr komisch, was momentan unter El Hierro abgeht. Wenn ich mir die aktuelle Tremorkurve auf IGN ansehe, kommt sie mir auch irgendwie "etwas unruhiger, zuckender" vor als noch heute morgen.. also sie hat mehr Impulse und ist wohl wieder etwas stärker geworden. Ich meine nicht die Erdbeben, die ja noch stärker abzulesen sind, ich meine das Grundrumoren. Wenn ich mal alle Daten, die ich nachlesen kann, überdenke, kommt es mir so vor, als wenn die aktuellen Geschehnisse ein letztes Aufbäumen sind, und die unterirdische Magmakammer schon unter Hochdruck "pulsiert" und einen Ausweg sucht nach oben.
Aber ich hoffe inständig für die Menschen auf El Hierro, das sich alles doch noch in Wohlgefallen auflöst. Ich drück Euch allen fest die Daumen, das nichts passiert :)"

„Ich lese und poste nun schon seit einiger zeit hier im Blog und die neuesten Nachrichten finde ich auch sehr beunruhigend. Manfred hat Recht, dass die Folgen der Beben u.U. schon einige - wenn nicht alle - Auswege versperren könnten. auch schrieb ja schon vor Tagen, dass eine Einleitung eines Evakuierungsplanes ab einer Bebenstärke von 4,0 recht sinnvoll wäre. Obwohl ich nur ein Laie bin, hatte ich schon vor zwei Wochen geschrieben, dass meine Vermutung darin

liegt, dass sich dieser Vulkan - sollte er tatsächlich erwachen - nur im Norden entladen wird. Ich begründe das mit einem alten Hauptschlot, der definitiv existieren muss - sonst gäbe es die Insel nicht...
Wenn man sich die Caldera anschaut, muss sich dieser alte Hauptschlot im Golfotal befinden. Die Messergebnisse von heute untermalen diese Theorie. Erschreckend finde ich nur, dass man ihn direkt in der Nähe von Frontera - zwischen Frontera und der Steilwand - vermuten müsste, wenn man den GPS-Daten glaubt. Eine Verschiebung nach Nord und Ost lassen eine Position des Schlotes Südwestlich von Frontera vermuten. Ich möchte die Einwohner des Golfotales wirklich bitten, die Sache nicht zu unterschätzen. Bitte packt doch schon mal Taschen - für den Fall der Fälle. Wenn der Korken im Hauptschlot einmal fliegt, dann ist keine Zeit zum reagieren. Ich hoffe wirklich, dass nichts passiert und sich der ganze Dampf verflüchtigt aber die Chancen stehen 50/50 - und da ist nicht viel..."

„Ich habe in Physik aufgepasst und mal ehrlich - die Abfolge der Ereignisse passen sehr gut zu dieser Theorie. Der Malpaso mit 1500m und der östlich gelegene Berg mit 1412m sind die höchsten Punkte der Insel und meiner Meinung nach, der "Kragen" der alten Vulkanspitze. Irgendwann ist sie zusammen gerutscht und hat den alten Schlot verstopft. Ich vermute diesen Schlot ca. 1000 bis 2000m südwestlich von Tigaday, denn das ist - rein geometrisch - fast das Zentrum des "alten Kragens". Wenn der "Korken" im Schlot nach oben gedrückt wird, wölbt sich die darüber liegende Oberfläche wie ein Luftballon, den man auf pustet. Wäre der "Schlot" weiter nördlich, hätte sich Frontera nach Süden verschoben..."

„Nach den Neigungswinkeln und Richtungen der alten Lavaströme kann man die höchste Stelle des abgerutschten alten Vulkans rekonstruieren. Und diese Stelle liegt lt. Carracedo nahe Frontera.

Aber das spielt bei der Lage der nächsten Ausbruchsstelle sicherlich keine Rolle. Schließlich gibt es ca. 15 Krater verteilt innerhalb des Golf-Tals, die alle nach dem Bergsturz vor 15.000 Jahren entstanden sind und mit ihren Lavaströmen das ganze Tal bedeckt haben; denen war der "Hauptschlot" auch schon egal."

„Nur damit wir hier nichts verwechseln. Golfo und Golfotal bilden keine Caldera. Es ist "nur" die Flanke eines ehemaligen Vulkans, die dort abgerutscht ist. Ansonsten wäre das Ding ja wirklich riesig gewesen.
Die 8km Bebentiefe sind eine falsche Eintragung. Das Beben um 15:04 Mag. 3.6 fand in einer Tiefe von 23km statt.
Darüber ob und wann es nördlich Frontera zu Eruptionen kommt mag ich nicht spekulieren.
Die Art der Beben verändert sich m.E. allerdings seit dem Beginn der neuen Bebenserie seit ca. 20.10 .. Von Beben der Form A (schneller Anstieg, abruptes Bebenende) in die Form B (langsameres dreieckförmiges Abklingen der Amplitude). Während die Form A eher einen druck entlastenden "Knacks" darstellt, spricht die Form B eher für einen sich verstärkenden Druckaufbau."

„Wir waren Ende September, Anfang Oktober auf El Hierro, haben die ersten stärkeren Beben erlebt und verfolgen den weiteren Verlauf mit großer Betroffenheit. Was uns in Erstaunen versetzt ist, dass die "deutsche" Presse die Vorkommnisse auf der Insel ignoriert und lieber von "Big Brother" o.ä. berichtet. Als Ingenieur weiß ich, dass man solche Naturgewalten weder berechnen noch vorhersehen kann. Alle Spekulationen sind Schall und Rauch."

Trügerische Ruhe

Sonntag, 30. Oktober 2011 - 9:18 Uhr
El Hierro Vulkan - trügerische Nachtruhe

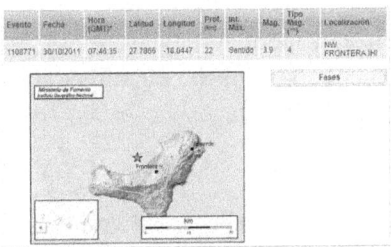

Nach einer relativ ruhigen Nacht ging es pünktlich zum Morgengebet Schlag auf Schlag weiter.
Um 7.13 Uhr (Sommerzeit) mit einem Beben der Stärke 3,2 Richterskala und der Hammer um 7.46 Uhr mit ML3,9
Das stärkste Golfobeben bisher. Nicht mehr lange wird es dauern, bis 4,0 oder noch mehr erreicht wird. Dann wird es gefährlich. Gefährlich für die Menschen im Golfotal. So langsam würde ich nun mein Köfferchen packen und Unterkunft für die nächsten Tage außerhalb des Tales suchen. Alle materiellen Schäden sind ersetzbar, Leben und Gesundheit aber nicht. Das ist meine persönliche Meinung und Einschätzung der Lage. Der Vulkan ist unberechenbar.

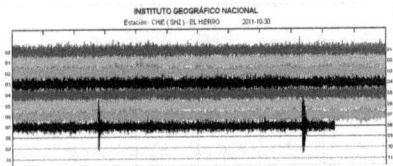

Von 15.04 Uhr gestern, dem 3,6 Beben, verlief der Abend und die Nacht ruhig. Es gab wohl 27 Erdstöße zwischen 1,7 - 2,9.
Eine Erholungsphase für den Vulkan, um heute Morgen sich heftiger denn je zurückzumelden. In der Tremor Aufzeichnung kann durch die heutige Zeitumstellung nicht einfach eine Stunde ersatzlos gestrichen werden. Daher ist noch die Sommerzeit gültig.
Wie wird es weiter gehen? Ich denke die Erdbebenaktivitäten

werden weiter zu nehmen und es wird auch zu einer Entladung, also einem Vulkanausbruch kommen. Wo der Ausbruch stattfinden wird - ich hoffe nicht in der Golfo Region, aber auszuschließen ist das nicht. Vielleicht öffnet sich der Seitenschlot "Eldiscreto" im Süden wieder oder es kommt zu einer Eruption im Golfo Küstenbereich.

Ziemlich sicher bin ich mir - falls es dazu kommt, dass das Ereignis innerhalb der nächsten zwei Wochen stattfindet. Aber alles Spekulation, mein Gespür und nur meine persönliche Einschätzung. Der Vulkan lässt sich nicht in die Karten schauen.

Kommentare:
„Da sich in den letzten Wochen anscheinend die Bebenaktivitäten etwas in Richtung Norden verlagert haben, drängt sich mir eine andere Frage auf: Wie groß wird eigentlich die Gefahr eingeschätzt, dass sich auf Grund der ständigen unterseeischen Beben auf der Nachbarinsel La Palma die abrutschgefährdete Westflanke lösen könnte?
Das wäre ja noch ein ganz anderes Horrorszenario als "nur" die lokalen Konsequenzen für El Hierro. Konnte leider diesbezüglich bisher keine Informationen finden."

„Das ganze Magmafeld der Kanaren hängt im Untergrund zusammen. Jedoch sind die Aktivitäten auf El Hierro zur Zeit örtlicher Natur.
Auswirkungen auf La Palma sind eher unwahrscheinlich. Da ich auf La Palma lebe, beobachte ich natürlich ständig genau unser Problemgebiet. Dazu könnte ich einen eigenen Roman schreiben. Kommt vielleicht auch noch später.
Die Presse hat in der Vergangenheit das mögliche Szenario eines Bergrutsches mit allen möglichen Fiktionen und Konsequenzen hoch gespielt. Das haftet in den Köpfen."

„Die Vorgänge im Erdinneren und im Erdmantel lassen sich (noch) nicht berechnen. Es gibt zu viele unbekannte Faktoren, die in eine Gleichung mit einbezogen werden müssen. Nicht einmal das Wetter kann man heute exakt vorhersagen. Trotz der vielen aktiven Messinstrumente und Rechenzentren. Die veröffentlichten Wettervorhersagen resultieren immer aus Näherungs- und Erfahrungswerten.
In der Vulkanforschung hat sich in den letzten Jahrhunderten zwar viel getan, aber Wissenschaftler können nur den Ist-Zustand feststellen und spekulieren.
Resultat: Es kann alles passieren.
Wie man liest, wurden viele Maßnahmen getroffen und die Bevölkerung in den betroffenen Regionen wurde auf die Situation relativ gut vorbereitet.
Es ist eben immer eine Gratwanderung abzuwägen, wie weit und wie lange man das Leben der Menschen beeinflussen soll. Es kann genauso gut sein, dass erst in ein paar Monaten die Gefahr in der Region so groß sein wird, dass man evakuieren muss. Oder es kann auch gar nichts dramatisches geschehen.
Wie würden wir selbst reagieren. Irgendwann werden wir unseren Unmut die Situation betreffend auf die eine oder andere Weise Kund tun, oder? Entweder wurden zu viele oder zu wenig Maßnahmen getroffen."

Sonntag, 30. Oktober 2011 - 17:38 Uhr
El Hierro Vulkan - Krisenstab tagt

Wie bereits erwartet ereignete sich um 13.05 Uhr ein weiteres Beben mit ML3,9 und um 15.23 Uhr von ML3,2. Dazwischen mehrere kleinere Erdstöße. Inzwischen gehen auch die Wissenschaftler, noch nicht offiziell, von einer weiteren Eruption diesmal im Golfo aus. Wahrscheinlich sei ein Ausbruch im Küstenbereich, also im ufernahen Meer. Möglich sei aber auch ein Ausbruch in der

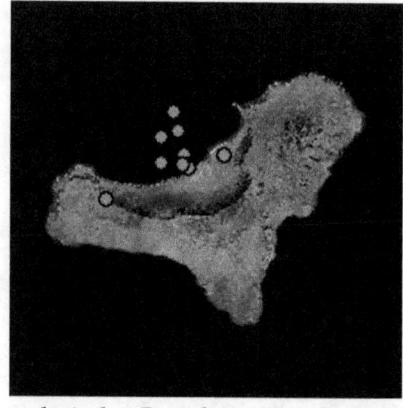

Talebene. Kein Wissenschaftler möchte aber dem Krisenstab vorgreifen.

Der Krisenstab (PEVOLCA) tagt im Moment. Eine Entscheidung soll in Kürze fallen.
Zum Verstehen: Der Krisenstab ist ein politisches Instrument. Wissenschaftler sind nur beratende Mitglieder, also technische Gutachter. Entschieden wird von den Politikern. Das letzte Wort hat der Vorsitzende des Krisenstabes und das ist der Inselpräsident Sen. Armas.

Bleibt heute nur zu hoffen, dass die Gefahr erkannt wurde und nicht wieder eine wachsweiche Entscheidung dabei heraus kommt. Auch werden z. B. bei einer Alarmstufe "Rot" Finanzquellen in Madrid angezapft.

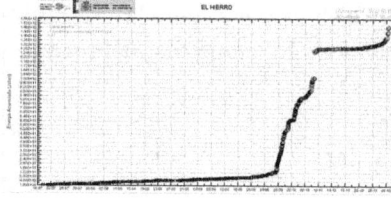

Die kumulierte Energiekurve spricht Bände. Die Tabelle umfasst den gesamten Zeitraum vom 16.7.11 bis heute. Gerade in den letzten Tagen steigt die Kurve förmlich senkrecht in den Himmel.
Die "grüne Brühe" hat inzwischen den kompletten Golfo erfasst. Anwohner berichten von starkem Schwefelgeruch.
Das Forschungsschiff "Ramon Margalef" wurde inzwischen auch wieder gesichtet. Es kreuzt vor dem Golfotal und untersucht den Meeresgrund auf mögliche Gasabsonderungen, Risse und evtl. entstehende Schlote.

Sonntag, 30. Oktober 2011 - 22:16 Uhr
El Hierro Vulkan - so kann man es auch sehen

Der Krisenstab Pevolca sieht keine Notwendigkeit zum jetzigen Zeitpunkt weitere Maßnahmen zu ergreifen. Das ist grob zusammengefasst das Ergebnis der heutigen Krisensitzung. Wie der Direktor für Seguridad y Emergencias (Sicherheit und Notfälle) del Gobierno de Canarias, Juan Santana erklärte, gebe es wohl eine verstärkte seismische Bewegung im Golfo, die aber keine Gefahr für die Anwohner darstellt. Noch seien die Beben in 20 km Tiefe und bedeuten jetzt noch keine Eruptionsgefahr. Die Warnstufe für Frontera bleibt auf "Gelb" und das Tunnel 24 Stunden geöffnet.

Eine beruhigende Feststellung und Entscheidung des Krisenstabes.

In der Zwischenzeit rumort es im Untergrund weiter. Seit 15.30 Uhr bis um 21.00 Uhr - 24 gemessene Erdstöße mit einer Stärke von über LM1,5. Davon eines um 18.03 Uhr mit 2,8 und ein weiteres um 18.57 mit 3,2 auf der Richterskala.
Aber es besteht nicht geringste Gefahr - so der Krisenstab.

Kommentare:
„Na ja - typisch Politik ! Was soll es, geht ja nur um Menschenleben ! Und bei solchen Entscheidungen wundern sich Politiker das keiner mehr Vertrauen in deren Märchen hat !"

„Jedes Beben wird im Diagramm durch einen grünen Punkt dargestellt.
Auf der X-Skala (die Horizontale Skala) wird der Zeitpunkt gezeigt an dem das Beben Stattgefunden hat. Bei jedem Beben wird ein gewisses Maß an Energie freigesetzt. Die Erdbebenskala ist logarithmisch aufgebaut.
Ein Beben der Stärke 2 setzt also 10 mal mehr Energie frei als ein

Beben der Stärke 1. Ein Beben der Stärke 4 setzt 100 mal mehr Energie frei als ein Beben der Stärke 2.
Auf Y-Skala (die vertikale Skala) wird jetzt die Energie, die ein Beben freigesetzt hat zu der Energie die alle anderen Beben ab einem gewissen Zeitpunkt vorher freigesetzt haben addiert. Würden alle Beben in regelmäßigen Abständen mit der gleichen Stärke stattfinden, würden die Punkte der Beben eine von links nach rechts gleichmäßig steigende Linie ergeben.
Wird die Kurve der aufgezeichneten Beben steiler hat sich die Bebentätigkeit verstärkt. Wird die Kurve flacher lässt die Bebentätigkeit für den aufgezeichneten Zeitraum nach. Die Steigung der Kurve ist also ein Maß dafür wie viel Druck (Energie) sich im Untergrund aufgebaut hat und durch die Beben freigesetzt wurde."

„Vielleicht noch eine kleine weitere Anregung in Bezug auf die Form der Magmakammer(n)/Wege, die ja nicht unbedingt mit den Bebenherden 1:1 gleichzusetzen sind (hab ich leider nicht ganz mit beachtet) da ja innerhalb einer flüssigen Blase ja keine Beben stattfinden, aber meist am Rand, unterhalb und darüber. Weiterhin wandern dann diese Beben mit dem Wachsen verändern der Kammern. Die gesamte Darstellung der Beben im genannten Bild war ja auch nicht von vornherein so verteilt, sondern hat sich im Laufe der Zeit so ausgebildet.
Jetzt zum Vorschlag:
Es werden ja für Mineralogische Untersuchungen (auch für Erdöl/Gas-Vorkommen) extra Sprengungen und Rüttler eingesetzt, um aus den reflektierten Bebenwellen dann die Schichtungen zu kartografieren.
Da hier momentan so viele Beben passieren, sollte es doch möglich sein nicht nur die Position des Bebens selbst, sondern auch eine Schichtkartografie anzulegen, aus der dann die Lage Form und Größe der Magmakammer(n) sowie evtl. Rissbildungen besser ablesen zu können.

Damit könnte so manche Diskussion und Theoretisieren vermieden werden."

„Ich bin gestern von einer Schiffsreise von den Kanaren (La Palma, Lanzarote, Gran Canaria) zurück gekommen. Ich hatte mich vor der Reise hier schon über die Situation dort informiert und war trotzdem mit einem etwas mulmigen Gefühl gefahren. Nirgendwo während der Reise erfuhr man etwas von den Vulkanaktivitäten. Auf La Palma den Touriführer darauf angesprochen, äußerte dieser, dass die Tourismusbehörde den Reiseführern nahegelegt habe, über dieses Thema nicht zu sprechen, aus Angst die Touris würden dann ausbleiben. Sicher verständlich, da die Inseln zum großen Teil vom Tourismus leben und die Menschen dort wissen, dass sie mit Vulkanismus und Erdbebengefahr leben. Aber ruhig habe ich im 4. Stock eines Plattenbau-Hotel dann doch irgendwie nicht geschlafen......."

Montag, 31. Oktober - 9:51 Uhr
El Hierro Vulkan - in der Ruhe liegt die Kraft

Die Bebenaktivität im Golfo hält weiter an. Zu erwähnen sind, neben den schwächeren Beben, zwei Erdstöße mit mehr als 3,0 auf der Richterskala.
Ein Beben um 2.13 Uhr mit ML3,4 und um 7.13 mit ML3,1. Das gemessene Bebenzentrum lag vor der Golfoküste in 20 bzw. 22 km Tiefe. Im Grunde also keine Veränderung der Situation. Der Tremor (Magmafluß) läuft harmonisch weiter.

Die Entscheidung des Krisenstabes (Pevolca) von gestern Abend, nach dem die jetzige Lage als sicher für die Anwohner angesehen wird und daher keine weiteren Sicherungmaßnahmen notwendig seien, stößt erwartungsgemäß auf Unverständnis.

 Um den Krisenstab einmal zu Personifizieren (Foto: La Provincia) . Wir haben links den Inselpräsidenten von El Hierro Alpidio Armas, Mitte Juan Santana (Vertreter der kanarischen Gesamtregierung) und die Dame rechts: Carmen Morales (Sicherheitsbeauftragte von El Hierro).
Das ist quasi der politische Kopf des Krisenstabes. Die Wissenschaft, wie das Geologische Institut (IGN) oder die CSIS, bringen als beratende Institutionen ihr Wissen und ihre Vorschläge in dieses Gremium ein.
Massive Kritik hagelt es von der Gemeinnützigen Organisation AVCAN (Asociacion Vulcanologia de Canarias). Ein Zusammenschluss von Vulkanologen, Geologen und Hobby- Vulkanologen. Seit vielen Jahren engagiert sich diese Organisation um die Vulkanologie der Kanaren.

"In einem offenen Brief kritisiert sie den Krisenstab vorhandene wissenschaftliche Ressourcen wie Meeresbiologen, Chemiker und anderes Fachpersonal und Institutionen nicht beteiligt und in ihre Entscheidungen einbezogen habe. Wertvolle neue wissenschaftliche Erkenntnisse über die Entstehung eines Unterwasservulkan seien daher nicht gewonnen worden und nun für die Forschung verloren. Auch hätten so manche Entscheidungen des Stabes anders ausgesehen. Verschwendete Zeit, mangelnde Erfahrung und die Missachtung und die Nichtnutzung von vorhandenem Sachverstand hätten nun zu einem Vertrauensverlust in der Bevölkerung und den Medien geführt.
Dem Krisenstab muss klar sein, dass er den Überblick und die ganze Dimension über die tatsächliche Lage, aus Mangel an wissenschaftlichen Wissen, nicht hat. Die Bevölkerung ist heute

anspruchsvoll und verlangt eine umfassende Erklärung. Ein Beispiel sollte man sich an anderen Ländern nehmen, die ähnliche Krisensituationen bewältigt haben."
Auffallend ist auch, dass nur spanische Wissenschaftler vor Ort sind. Die Kollegen aus Island würden sicher gerne mit ihrem Wissen und der jüngst gemachten Vulkan Erfahrung hier einige brauchbare Dinge beisteuern.
Warum die Bevölkerung von El Hierro trotz der drohenden Gefahr relativ ruhig und abwartend reagiert, hat vielleicht noch einen ganz anderen Grund. In einem der nächsten Beiträge möchte ich mal auf die Mentalität und die Grundeinstellung der Herrenos näher eingehen.

Kommentare:
„Ich war vor zwei Wochen im Urlaub auf El Hierro und glaubt mir - keiner will dort weg, obwohl sich alle der Gefahr bewusst sind und teilweise schon Ausbrüche miterlebt haben. Die sind wirklich ruhig und was mich beeindruckt hat in La Restinga keine Plünderung, obwohl viele Häuser offen standen."

„Es ist bestimmt nicht leicht für die dort lebenden Menschen, die Balance zu halten zwischen Wachsamkeit und blinder Panik, oder zwischen Ruhe und Ignoranz. Sicher auch eine Frage der Mentalität. Ich habe mir mal vorgestellt, eine ähnliche Situation gäbe es hier im Südwesten von Lanzarote, wo ich wohne. Kaum vergleichbar, wir haben keine Kessellage wie die Leute in Frontera. Wahrscheinlich wollte ich mein Haus auch nicht verlassen. Meine Kinder allerdings würde ich eher früh in Sicherheit bringen."

Montag, 3. Oktober 2011 - 13:38 Uhr
El Hierro Vulkan - Tremor verstärkt sich

Der Tremor wird in den letzten Stunden kräftiger und unruhiger.

Das kann bedeuten, daß der Magmafluss sich vergrößert oder auf Hindernisse, wie härtere Gesteinsschichten, stößt. Ein weiteres stärkeres Beben dürfte dadurch in den nächsten Stunden ausgelöst werden.

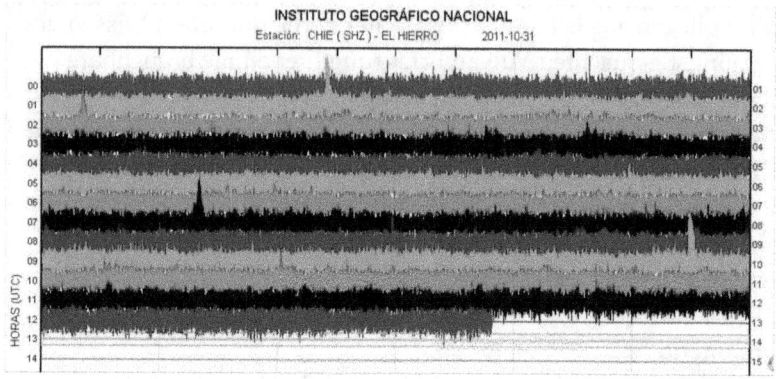

Der Krisenstab hat sich heute Vormittag unerwartet schon wieder getroffen. Ergebnis: Die Bewohner des Golfotales sollen sich auf eine Evakuierung bei weiterem Ansteigen der Bebenaktivität vorbereiten - aber Ruhe bewahren.
Bei der Sitzung gestern Abend wurde anscheinend das ständige Ansteigen der Bebenstärke nicht genügend in die Überlegungen einbezogen. Ein Blick in unseren Blog hätte ausgereicht.

In eigener Sache:
Überrascht bin ich was aus einer Idee wurde. Ein kleiner Informationsblog, der mangels aktueller Infos und unverständlicher Darstellung entstand. Anscheinend haben viele den gleichen Informationsbedarf wie ich.
Inzwischen hat sich dieser Blog zu einer wichtigen deutsch sprachigen Nachrichtenbörse über die Vulkanaktivitäten auf El Hierro entwickelt. Allein über 100.000 Besucher innerhalb der letzten 30 Tage. Darauf bin ich etwas stolz. Es ermuntert mich natürlich genau so weiter zumachen, wie Sie das gewohnt sind.

Danken muss ich den vielen Kommentatoren, die Anfragen fachmännisch beantworten und mir so viel Arbeit abnehmen. Auch für die vielen Mails die mich erreichen meinen herzlichsten Dank. Leider kann ich aus Zeitgründen - ich habe noch einen Beruf und eine Familie - nur wenige beantworten.

Kommentare:
„Mir geht es so, dass ich hier in Deutschland sitze und sehr an Meteorologie und Geologie interessiert bin. In einem Meteorologie Forum, kam ich dann auf ihren Blog, und kann nun nach einigen Wochen feststellen, dass sie für mich fast die einzige wirkliche gute, aktuelle Quelle für Infos aus El Hierro sind."

„Die Entscheidung, noch nicht zu evakuieren, ist für mich nachvollziehbar. Es kann Wochen oder Monate dauern, bis es wirklich brenzlig wird - wenn überhaupt. Vermutlich spielen auch wirtschaftliche Überlegungen eine Rolle, noch mehr aber sicher praktische. Es ist schwer, so viele Menschen über längere Zeit von zu Hause fern zu halten, zumal die Einschätzungen der Fachleute dies keineswegs eindeutig nahelegen. Eine unnötige Evakuierung wird hinterher als Panikmache und Voreiligkeit kritisiert. Ich möchte nicht in der Haut der Verantwortlichen stecken.
Übrigens ist es ganz normal, dass die letzte Entscheidung in solchen Fällen von der Politik getroffen wird. Die Wissenschaftler würden eine Entscheidungsbefugnis vermutlich weit von sich weisen. Sie können nur fachliche Empfehlungen geben. Und ich habe nicht den Eindruck, dass die PEVOLKA sich gegen diese Empfehlung verhält.

Allerdings finde ich es nicht gut, dass man keine erfahrenen Wissenschaftler aus dem Ausland hinzu gezogen hat. Hier bleibt der Spanier sich halt selbst treu - gemäß dem Motto "wir können immer alles besser als die Ausländer".

„Ich lebe nun seit über 12 Jahren auf El Hierro und zwar im Golf. Aber ich bin weit entfernt davon, mir ernsthafte Sorgen zu machen. Das geht wohl den meisten Herrenos auch so. Zu ungewiss sind die Spekulationen über Ort, Zeitpunkt und Stärke eines möglichen Ausbruchs, die fast jeden Tag wieder eine andre Tendenz zeigen. Mein "Notfallköfferchen" ist immer noch nicht gepackt und viele "Horrorszenarien" halte ich schlichtweg für übertrieben.
Mein tägliches Schwimmen in La Maceta (Meeresschwimmbecken im Golf) habe ich allerdings vorübergehend eingestellt, nachdem mir die Schaumkronen nicht mehr weiß sondern eher rötlichbraun entgegen leuchteten."

„Wenn dieser Trend anhält besteht die Chance, dass ein Durchbruch weit genug weg von der Insel in einer Tiefe ~1,5 -2,5km im Meer stattfinden könnte. In dieser Tiefe stört es nicht so sehr.
Also weiter warten und hoffen, dass kein Beben von >4 in Inselnähe auftritt und Steinschläge auslöst. Ob man damit ruhiger auf der Insel schlafen kann weiß ich nicht. Hierzu gibt es ja die unterschiedlichsten Meinungen wie auch hier in den ganzen Kommentaren zu lesen.
Jeder sollte schon Ruhe bewahren und die verfügbaren Informationen aller Seiten abwägen um dann für sich die entsprechenden Entscheidungen zu treffen.
(Aber ein kleines gepacktes Notköfferchen für einen hoffentlich nicht eintreffenden Ernstfall kann auch beruhigend sein. Man ist dann ja auch vorbereitet, und die Hoffnung auf ein gutes Ende darf man sowieso nie verlieren.)"

„Nach dem erneuten Studium der seismologischen Karten des IGN würde ich behaupten, das es neben dem bei EL Hierro südlich gelegenen Ausbruch seit wenigen Tagen einen weiteren Ausbruch nördlich vor der Küste gibt. Er dürfte aber sehr tief unter Wasser liegen. Meine Einschätzung beruht darauf, weil der Tremor nun auch von den anderen Insel , wenn auch schwach, aufgezeichnet wird. Als der Vulkan südlich von EL Hierro unter Wasser ausgebrochen war, das war vor etwa 3 Wochen, da wurde der Tremor kaum von den anderen Inseln aufgezeichnet (Abschattung). Meiner Meinung nach sehen wir daher auf den seismologischen Karten nicht nur den südlich gelegenen Tremor vor der Küstenstadt La Restinga sondern mindestens noch einen weiteren, irgendwo anders. Da die Stärke der Beben aber in den letzten Tagen erheblich zugenommen hat, dürfte es noch zu weiteren Ausbrüchen (hoffentlich nur unter Wasser) kommen. Ich halte die Wahrscheinlichkeit für recht hoch, das es in aller Kürze zu Beben höher als 4,0 mag kommt. Man kann nur hoffen das die spanischen Wissenschaftler genau beobachten, inwieweit sich das Golfo Tal aktuell hebt oder senkt."

Montag, 31. Oktober 2011 - 21:01 Uhr
El Hierro Vulkan - Situationsbericht

Um 16.49 Uhr ein Beben der Stärke ML3,4 in 22 km Tiefe. Der Tremor hat etwas nachgelassen, ist aber weiter nervös.

Der Krisenstab geht von einem weiteren Szenario aus. Wie heute bekannt wurde könnten auch Beben in 10 - 15 km Tiefe als Vorläufer eines Ausbruchs gedeutet werden. Auch die Heliumwerte könnten ein Indikator sein. Vor dem Ausbruch im Süden wurden erhöhte Heliumausdünstungen registriert. Entsprechende Messungen laufen nun auch im Golfo.

Ein Kommentar heute aus El Hierro hat mich beschäftigt, den ich hier wiedergeben möchte:

"Ich lebe nun seit über 12 Jahren auf El Hierro und zwar im Golf. Aber ich bin weit entfernt davon, mir ernsthafte Sorgen zu machen. Das geht wohl den meisten Herrenos auch so. Zu ungewiss sind die

Spekulationen über Ort, Zeitpunkt und Stärke eines möglichen
Ausbruchs, die fast jeden Tag wieder eine andere Tendenz zeigen.
Mein "Notfallköfferchen" ist immer noch nicht gepackt und viele
"Horrorszenarien" halte ich schlichtweg für übertrieben."

Ich habe mir heute einmal Gedanken gemacht, wie ich auf der Insel
La Palma bei einem drohenden Vulkanausbruch reagieren würde.
Auch ich würde solange wie möglich in meinem Hause mit den
Tieren ausharren. Würde aber rechtzeitig meine Familie (Frau mit
Kindern) in Sicherheit bringen. Auch mein Notfallkoffer wäre längst
gepackt. Allerdings wohne ich nicht in so einem Talkessel, wie das
Golfotal, der von tausend Meter hohen Steilfelsen umgeben ist und
im Falle eines Falles nur wenige Fluchtmöglichkeiten bietet. Ich hätte
viele Fluchtmöglichkeiten, auch notfalls zu Fuß.
Also eine etwas andere Ausgangssituation.
Natürlich müssten die Behörden rechtzeitig andere Schulen öffnen,
die Altenbetreuung ermöglichen, Notquartiere bereit stellen und vor
allem eine vorübergehende Wegzug- Empfehlung aussprechen. Das
würde ich erwarten - und genau das ist auf El Hierro bisher
ausgeblieben.
Das Ganze ist keine Zwangsmaßnahme oder behördlich verordnete
Evakuierung. Sondern eine freiwillige Vorsorgemaßnahme. Ich
könnte mir gut vorstellen, dass viele dieser Empfehlung folgen
würden. Vieles wäre dann einfacher !
Für den 3.11.11 wurde vom Secretario General del Mar del
Ministerio de medio Ambiente ... (kurz Ministerium für
Meeresschutz) eine Sitzung einberufen, die den Zustand und die
Entwicklung des Meeresgebiet um Restinga beurteilen soll. Dieses
Gebiet ist seit 1998 maritimes Schutzgebiet um die Artenvielfalt und
Population der Meeresbewohner zu fördern. Genau dort ist nun der
neue Vulkan ausgebrochen. Eingeladen sind das Ozeanographische
Institut, Fischer und die Tauchverbände.

Das Forschungsschiff "Roman Margalef" kann voraussichtlich in den nächsten Tagen noch kein Video des neuen Vulkan liefern, da die Sicht durch Schwebeteilchen noch zu eingetrübt ist.
Dafür eine neue Nahansicht einer Computer Simulation das heute das Gobierno de Canarias vom Eldiscredo-Vulkan bei Restinga veröffentlicht wurde.

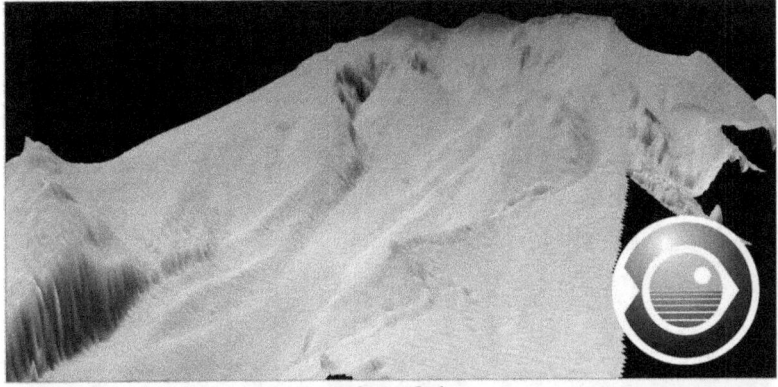

Ansicht von Süden

Ansicht von Osten

Dienstag, 1. November 2011 - 7:37 Uhr
El Hierro Vulkan - Doppelschlag

Das gestern erwartete Beben kam mit einem Doppelschlag. Um 22.06 Uhr mit ML3,9 und um 4.15 Uhr nochmals mit 3,9 Richterskala. Man

muss kein Hellseher sein, um anhand des Tremor diese Ereignisse und die Stärke in etwa vorher zu sagen.
Der Tremor ist weiter angewachsen und wird sich heute vermutlich mit Erdstößen über ML4,0 - 4,2 zurückmelden.
Ab jetzt ist mit Steinschlag und Gebäudeschäden zu rechnen. Aber dieses Szenario haben wir bereits mehrmals besprochen.

Evento	Fecha	Hora (GMT)*	Latitud	Longitud	Prof. (km)	Int. Máx.	Mag.	Tipo Mag. (**)	Localización	Info
1109374	01/11/2011	05:40:25	27.8168	-18.0296	24		1.7	4	NW FRONTERA.IHI	[+]
1109372	01/11/2011	04:29:21	27.7350	-18.0545	20		1.7	4	SW FRONTERA.IHI	[+]
1109364	01/11/2011	04:15:28	27.7818	-18.0577	21	Sentido	3.9	4	NW FRONTERA.IHI	[+]
1109370	01/11/2011	04:10:32	27.7806	-18.0677	17		2.1	4	NW FRONTERA.IHI	[+]
1109371	01/11/2011	03:49:22	27.8230	-18.0601	19		2.1	4	NW FRONTERA.IHI	[+]
1109362	01/11/2011	03:31:00	27.8200	-18.0540	17		2.3	4	NW FRONTERA.IHI	[+]
1109363	01/11/2011	03:23:16	27.8056	-18.0545	17		1.5	4	NW FRONTERA.IHI	[+]
1109361	01/11/2011	03:13:13	27.7531	-18.0125	21		2.2	4	W FRONTERA.IHI	[+]
1109360	01/11/2011	02:46:06	27.8195	-18.0587	19		1.9	4	NW FRONTERA.IHI	[+]
1109359	01/11/2011	02:38:12	27.7824	-18.0518	24		2.3	4	NW FRONTERA.IHI	[+]
1109358	01/11/2011	02:33:02	27.7803	-18.0546	16		2.2	4	NW FRONTERA.IHI	[+]
1109352	01/11/2011	02:29:05	27.8035	-18.0476	20		2.3	4	NW FRONTERA.IHI	[+]
1109354	01/11/2011	02:06:59	27.7811	-18.0524	16		2.4	4	NW FRONTERA.IHI	[+]
1109355	01/11/2011	02:03:27	27.7852	-18.0629	20		1.9	4	NW FRONTERA.IHI	[+]
1109357	01/11/2011	01:59:39	27.7914	-18.0491	21		1.6	4	NW FRONTERA.IHI	[+]

Auf der IGN Tabelle sind nur die Beben zwischen 2.00 Uhr in der Nacht und 6.00 Uhr aufgelistet.

Vom Eldiscredo Vulkan im Süden gibt es auch Neues zu berichten. Seit gestern Nachmittag spukt er wieder vermehrt Lava aus. An der

Meeresoberfläche hat sich bereits ein großer bräunlicher Fleck gebildet. Augenzeugen und auch die Besatzung der Margalef melden rauchende Lavabrocken an der Oberfläche. Die Lavabrocken sind rotbraun und nicht mehr schwarz/weiß, wie noch nach Eruptionsbeginn.
Wahrscheinlich wird er nun von der nachgerückten Magma im Golfo gespeist.
Es bleibt spannend und leider noch ungewisser für unsere Anwohner.

Kommentare:
„Wir sollten auch weiterhin unterscheiden zwischen dem vulkanischen Tremor und den einzelnen Beben.
Der vulkanische Tremor entsteht durch aufsteigende Gase oder Magma und hat sein Intensitätsmaximum bei sehr niedrigen Frequenzen um 0.5-1Hz.
Dieser Tremor ist seit etlichen Tagen relativ konstant und war am Anfang der Eruption wesentlich stärker.
Die schwächeren Beben gehen bei den seismischen Daten im vulkanischen Tremor unter. Die Bebentätigkeit hat in den letzten Tagen an Häufigkeit und Stärke zugenommen.
Ich glaube auch weiterhin nicht an stärkere Beben in Richtung Mag.5. Das liegt daran das El Hierro geologisch gesehen ein recht lockerer (aber steiler) Schutthaufen ist. Das wiederum liegt an der Art der Lava die der Vulkan fördert. Bei Abkühlen hinterlässt diese Lava viele Risse und Höhlen. Das Magma hat es also relativ leicht sich einen Weg zu suchen. Das ist auch der Grund warum recht tiefliegende Beben eine Eruption einleiten können. Das initiale Beben am 8.10. lag auch in 20km Tiefe.
Die Konsistenz El Hierros als steiler Schutthaufen hat auf der anderen Seite zur Folge, dass man sich um Hangrutschungen Sorgen machen muss. Wie in der Vergangenheit ja schon geschehen."

Dienstag, 1. November 2011 - 12:19 Uhr
El Hierro Vulkan - Eruption im Golfo ?

Eruption im Golfokessel? Eine neues Flugzeug Video ist soeben veröffentlicht worden.
Es ist nicht deutlich zu erkennen, ob es sich um die "grüne Brühe" vom Eldiscreto im Süden handelt, oder tatsächlich eine neue Eruption - diesmal im nördlichen Golfo, erfolgt ist.
Die Lage lässt sich für mich genau bestimmen. Ca. 800 m oder etwas weniger von der Nordküste des Golfotales entfernt. 100 - 200 m südlich des Roque de Salmor Felsen.
Relativ flaches Gewässer.
Die nächste bewohnte Siedlung ist Punta Grande an der Küste bzw. Guarazoca auf der Hochebene.
Soviel zunächst.

Kommentare:
„An eine Eruption im Norden kann ich nicht glauben.
Das passt nicht zum vulkanischen Tremor. Der hätte zu Beginn einer neuen Eruptionsphase höher sein müssen. Zudem setzen die Beben nach kurzer Pause recht schnell wieder ein. Da wurde nicht viel Druck abgebaut."

Dienstag, 1. November 2011 - 18:15 Uhr
El Hierro Vulkan - nur eine Fata Morgana ?

Hier eine Archivaufnahme von der Golfo Nordküste mit den vorgelagerten Roques de Salmor. Dort entstanden auch die Luftaufnahmen vom Vormittag. Inzwischen sind viele grüne und braune Flecken, je nach Sonneneinstrahlung, auf der Meeresoberfläche zu erkennen, die aber bereits gestern da waren.
Eine Leserin vor Ort vermutet, dass sich die "grüne Brühe" aus dem Süden hier vor den Felsen sammelt und kreist.

Auch von offizieller Seite gibt es keine Stellungnahme.
Also gehen wir einmal davon aus, dass es wahrscheinlich eine optische Täuschung war.
Auch der Tremor hätte reagieren müssen. Er verläuft aber normal und kräftig weiter.

Zwei Erdstöße mit ML3,3 um 12.08 Uhr und 16.08 Uhr in 21 bzw. 25 km Tiefe. Es fällt auf, dass es heute vor der Golfoküste auch leichtere Beben in 15 und 17 km gegeben hat.

Inzwischen gibt es auch ein Unterwasser-Video der Roman Margalef, das aber wegen der starken Trübung keine weiteren Details vom Südvulkan hergibt.
Nach einer Verlautbarung des Gobierno de Canarias haben Untersuchungen an aufgefundenen toten Fischen bei Restinga ergeben, dass sie durch die Druckwelle und nicht durch giftige Gase getötet wurden. Eine Untersuchungskommission prüft nun mehrmals täglich die Qualität des Wassers, der Atmosphäre und von Lebensmitteln.
Wie ich feststelle, ist die deutsche Presse noch mit dem Abgesang der Vulkanaktivität beschäftigt. Andere Themen sind im Moment in den Schlagzeilen. Bleibt nur abzuwarten, wann der Faden wieder aufgenommen wird und El Hierro wieder zum Titelthema wird.

Kommentare:
„Es ist laut mehreren Berichten, die ich grade eben las, mehr Militär mit schweren Fahrzeugen auf dem Weg nach El Hierro. Das riecht nach Evakuierungsplänen. Kam angeblich auch im Fernsehen und Augenzeugen aus Los Cristianos, die das alles am Hafen gesehen haben."

Jetzt wird es Ernst

Mittwoch, 2. November 2011 - 8:34 Uhr
El Hierro Vulkan - Zuspitzung der Lage

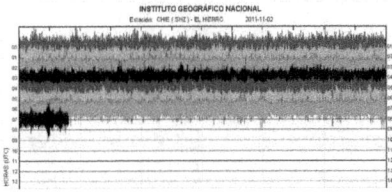

Gestern Abend hat nun auch das Gobierno de Canarias (Kanarische Regierung) und der Krisenstab (Pevolca) eingeräumt, dass ein Vulkanausbruch im Golfo nicht mehr auszuschließen sei. Der Tremor (aufsteigende Magma) hat wie auf der Grafik zu sehen, stark zugenommen. Wir alle kennen noch die Tremorkurven vor dem Südausbruch vor zwei Wochen. Damals war der Tremorverlauf noch stärker, was dann im Ausbruch endete. Eine Vielzahl von Beben, aber nicht stärker als 2,7 Richterskala, ereigneten sich in der Nacht. Die ersten Beben kamen bereits bis an 15 km Tiefe herauf.
Nachtrag: Soeben Beben der Stärke ML4,0 um 7.54 Uhr im Golfo

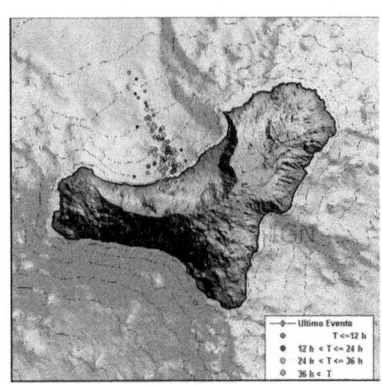

In den vergangenen Tagen lag das Bebenzentrum noch in ca. 20 km Tiefe. Das Gebiet der Erdstöße ist unverändert der Golfo. Auf der IGN Grafik sind alle Beben der letzten drei Tage markiert.
Das Vulkanische Institut (INVOLCAN) bestätigte heute Morgen auch die Zunahme der diffusen Emission von Kohlendioxid (CO^2) in die

Atmosphäre.
Beobachtet wurden inzwischen wieder im Süden Meeresstrudel und vermehrt auf der Meeresoberfläche treibende und qualmende Lavastücke. Dies deutet wohl auf eine verstärkte Aktivität des Eldiscreto hin.

Gestern wurde auch die La Unidad Militär de Emergencias beauftragt, eine Sondereinheit des Militär für Notfälle, mit der Einrichtung von Notquartieren für 2000 Menschen zu beginnen. Diese Einheit ist in Teneriffa stationiert. Bereits gestern Mittag wurden im Hafen von Los Cristianos (Teneriffa) 17 LKW mit Zelten und dem notwendigen Zubehör verladen, die am Abend in El Hierro eintrafen. Der zweite Schiffstransport soll heute folgen.
Diese 2000 zusätzlichen Notunterkünfte sollen zu den bereits vom Roten Kreuz vorgehaltenen und eingerichteten Unterkünften installiert werden. Die Gesamtkapazität würde dann für 4000 Menschen ausreichen. Als zentralen Ort hat man den Raum Valverde ausgewählt.

Kommentare:
„Nun, gut, vielleicht ist es jetzt endlich mal an der Zeit einen Bericht von vor Ort hinzuzufügen. Gleich vorweg nichts für Sensationsgierige. Ich bin seit Freitag auf der Insel und ich fühle mich den Umständen entsprechend sicher und sehr wohl. Keine apokalyptischen Prophezeiungen hätten mich von dieser Reise abhalten können, sehr wohl aber eine Empfehlung der Inselregierung. Die für Ihre Einwohner und Touristen vorausschauend für Sicherheit sorgt. 2 Evakuierungen hat es vorsichtshalber gegeben, die beide hervorragend funktioniert haben. Gestern war ich in La Restinga und Tacoron und von dort auch keine Horrorberichte. Im Gegenteil. Das Meer war ruhig, von rauchenden Lavabrocken weit und breit nichts zu sehen. Der ph-Wert des Meeres im Normbereich und auch die Krabben, Fische und Meeresvögel

sind zurückgekehrt. Muss ich noch mehr dazu sagen? Allen, die vorhaben hierher zu kommen, kann ich nur nochmals sagen, den Umständen entsprechend sicher. Und vielleicht, dass Information den Respekt erhöht und die Angst minimiert."

„...dann ist also alles andere hier absoluter Quatsch? Das IGN und andere saugen sich das nur aus den Fingern?
...und das Militär macht nur einen Betriebsausflug nach El Hierro mit 2000 Zelten und 17 LKW?
Warum sind treibende und rauchende Lavaknollen Horrorberichte?
Zur Info: Das 4,0-Beben wurde bei IGN auf 4,3 nach oben korrigiert"

„Umstände, oder auch Gegebenheiten in solchen Situationen sind nie sicher, die können sich jederzeit ändern. Ich für meinen Teil verstehe unter "sicher" etwas ganz anderes.
Alles ist immer relativ.
Meine Großmutter sagte immer, Vorsicht ist besser als Nachsicht.
Ich finde das ein guter Rat fürs Leben.
Wer in einer solchen sensiblen Region siedelt, sollte sich schon zu Anfang an im klaren sein, was passieren könnte und sich die Frage stellen, was wäre wenn..
Wer mögliche Gefahren verharmlost, nur um die Wirtschaftlichkeit einer Region retten zu wollen, begeht ein gefährliches Spiel!
Jeder der gerne dort bleiben will, soll das auch tun, aber immer mit der gebührenden Vorsicht, Aufmerksamkeit und Vorbereitung.
Scheuklappen und rosarote Brillen helfen dabei ebenso wenig wie die Vogel Strauss Methode, auch politische Interessen sind hier fehl am Platz.
Wenn der Fluss hier Hochwasser bringt, gehe ich auch nicht schwimmen, sondern binde mein Boot fester an und verfolge die Situation, denn wie gesagt: Vorsicht ist besser als Nachsicht..."

„Gerade eben kommen beunruhigende Nachrichten. Analysiertes

pyroklastisches Material würde auch das Potential für explosive Ausbrüche haben. Dazu wird kritisiert, das solche Analysen nicht schon viel früher erfolgt bzw. veröffentlicht wurden. (Kann auch in Spanien innerhalb von 24 Stunden erfolgen)
Ich bin mal gespannt, was da dran ist. „

Mittwoch, 2. November 2011 - 14.47 Uhr
El Hierro Vulkan - IGN korrigiert Beben auf ML4,3

Das Beben heute Morgen um 7.54 Uhr war doch um einiges stärker als die zunächst gemeldeten ML4,0. Das IGN korrigierte den Wert inzwischen auf 4,3 Richterskala nach oben. Der Unterschied hört sich wenig an, aber ein Beben von 4,0 ist 10x stärker als ein Beben von ML3,0. Über Schäden wurde bisher nichts bekannt.
Inzwischen hat sich ein weiterer Erdstoß mit ML3,3 um 12.44 Uhr in 21 km ereignet. Auch flacherer Beben in 9 km Tiefe sind zu verzeichnen.
Wer jetzt noch von Blümchen-Idylle redet verkennt die tatsächliche Situation. Das sind Fakten und keine Vermutungen. Ich erinnere nur an meine Aussage von gestern (ML4,0 - 4,2)

Der Tremor läuft ohne große Abschwächung weiter seinen zickigen Kurs. Neue Eruptionsherde wurden bis jetzt noch nicht gemeldet

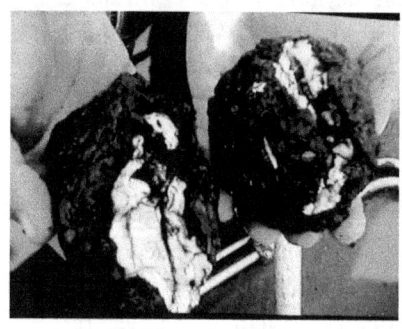

Das Ergebnis der Magma bzw. Lavauntersuchung (Foto: IGN) der Süderuption wurde bekannt. Danach hat das pyroklastischen Magma ein weit größeres explosives Potenzial als bekannt oder vermutet. Prof. Domingo Gimeno Torrente vom Geochemischen Institut in

Barcelona ist der Meinung, dass es nicht mit dem "Typ: Surtseyano" identisch ist.
Die inhomogene Mischung besteht aus unterschiedlicher Zusammensetzung und ist sehr porös.
Er versteht nicht warum erst so viel Zeit verstreichen muss, bis eine Probe in seinem Labor landet. Viele andere spanische Institute hätten längst innerhalb von 24 Stunden die Untersuchung durchführen können und wären zum gleichen Ergebnis gekommen.

Die Notunterkünfte fassen nicht 4000 Evakuierte sondern nur 2500 Menschen. Das Militär stellt 2000 und das Rote Kreuz 500 Plätze bereit. Wo die Zeltstadt errichtet wird, kann erst kurzfristig je nach Krisenlage entschieden werden. Als sicherster Standort gilt der Ostteil der Insel.

Gestern haben mich Anfragen aus El Hierro erreicht mit der Bitte im Blog um folgendes zu bitten:

HILFE - AUFRUF

Wer sieht sich in der Lage und ist bereit bei einer evtl. Evakuierung auf El Hierro Menschen bei sich aufzunehmen und eine Unterkunft für eine bestimmte Zeit anzubieten.
Ansprechen möchte ich besonders Leser die auf den Kanaren leben oder ein Haus oder eine sonstige Wohnmöglichkeit auf den Inseln haben.
Ich denke aus Solidarität müssen wir in dieser außergewöhnlichen Situation den Herrenos helfen und unsere Verbundenheit nicht nur mit Worten sondern durch Taten auch zeigen. Es wäre sicher nicht nur eine schöne Geste.
Wer helfen möchte schickt mir bitte einfach eine Email.

Ich werde die Adressen sammeln und weiter an das Rote Kreuz bzw.

den Katastrophenstab von El Hierro leiten. Ich bedanke mich heute schon für Ihre Hilfe und werde natürlich über die Resonanz berichten.

Kommentare:
„„... ich stelle gerne für den Fall einer Evakuierung genügend Raum für 2 Personen auf Teneriffa zur Verfügung."

„ich könnte eventuell auf La Gomera Raum zur Verfügung stellen."
Anmerkung:
Das sind nur zwei Auszüge von vielen Kommentaren und Mails die ich erhalten habe. Insgesamt wurde Wohnraum für mindestens 250 Menschen auf allen Kanarischen Inseln und sogar in Festlandspanien, Deutschland und in der Schweiz angeboten.

„Scheinbar tritt nun doch ein, was wir alle dachten ab nie gehofft haben. Ich Wünsche allen im Tal - und auch auf der Insel - dass Ihr Heil weg kommt und Euch nichts passiert. Bitte setzt nicht Euer Leben aufs Spiel nur wegen vermeintlicher Wirtschaftsgüter. Alles ist ersetzbar nur das Leben nicht. Leider können wir von Deutschland aus nicht direkt und schnell helfen..."

„Ja, wir haben auch gestern schon vermutet, dass die Beben schnelle eine Stärke von 4,5 erreichen werden.
In der Hafenregion fühlen wir uns alle noch ziemlich sicher und leben ruhig weiter. Dennoch mache ich mir so langsam meine Gedanken, ob nicht doch die ganze Insel betroffen ist!"

„Ein Vorsichtiger Deutungsversuch der heutigen Daten und der Daten der letzten Tage. Der harmonische Tremor ging zunächst,seit Beginn der Eruption zurück. In den letzten Tagen begann der Tremor stärker zu schwanken. Das spricht für Nachschubprobleme beim aufsteigenden Magma. Das Bild der Erdbebenpositionen ergibt mittlerweile ein Bild. Zwei Sperrschichten, die sich dem Magma entgegenstellen.Eine Schicht in ca. 22km Tiefe. Eine Schicht in ca. 17 km Tiefe. Dazwischen befindet sich eine kleinere Magmablase. Diese Blase hat sich mittlerweile fast entleert. Der Druck über 17km Tiefe fällt ab und heute Morgen hat das Magma aus größerer Tiefe (Sperrschicht ca. 22 km)in einer fulminanten Erdbebenserie mit einer Spitze bei Mag. 4.3 die obere Kammer wieder aufgefüllt. Dieses Magma steigt jetzt auf und verstärkt den harmonischen Tremor zeitweilig. Das wäre die positive Sicht auf die Dinge."

„Die Ereignisse scheinen sich langsam zu überschlagen, denn der Seismograf zeigt ein Beben größer als das um 18 Uhr an. Ich schätze um die 4,5 - 4,7 mag. Gerade vor wenigen Minuten. In der Liste steht es noch nicht drin!"

„Ich schaue regelmäßig in den Blog, wegen einem dummen Bauchgefühl seit gestern laufend. Ich hoffe, mein Bauchgefühl hat Unrecht. Ich weiß, warum ich mir damals das spanische Festland - und keine Insel - als Wohnort aussuchte."

„Hier eine kleine Meldung aus der Hafenregion, dem ruhigsten Teil der Insel. Beben um ca. 18.11 Uhr haben auch wir gemerkt, doch danach ist zumindest hier alles sehr ruhig!"

„Der Ausschlag von 15.20 Uhr heute Mittag, war ähnlich dem um kurz nach 9. 00 Uhr. Da wurde auch kein Beben in der Liste gemeldet. Sind das Schwarmbeben (Tremor)? Dieser scheint in den letzten Stunden stetig anzusteigen."

„Tremor, kein Erdbeben. Man darf nicht einfach die Amplitude der Skala anschauen und dann denken die Insel geht unter.
Stärkeres (ca. Ma 4) Erdbeben, siehe 7:50 oder 18:20. Dort bricht etwas bzw. bewegt sich ruckartig und löst eine hochfrequente Welle

aus die dann vom Seismometer erfasst wird, es gibt einen plötzlichen Ausschlag. Bei Tremor bewegt sich etwas, z.B. ein Riss, in der Erde langsam, bzw. es fließt Magma. Das löst dann aber sehr niederfrequente Wellen aus, die sich teilweise überlagern und das Seismometer misst irgendwelche Interferenzen, sicher kein Erdbeben, da steckt nicht ansatzweise soviel Energie drin wie in einem plötzlichen steilen Zacken! Wahrscheinlich weniger <<1% von 18:20!

Was stimmt ist dass der Tremor die kleineren Erdbeben < Ma2 total überlagert, aber nicht weil es stärker bebt sondern weil Interferenzen verursacht werden. Ich hoffe das ist jetzt nicht zu besserwisserisch, aber mehr als es tut sich etwas in der Lavakammer lässt sich ohne GPS Daten einfach nicht sagen. Es deutet vieles auf einen weiteren Ausbruch hin, aber quasi alle Beben ereignen sich in großer und vor allem konstanter Tiefe, es ist durchaus auch möglich dass sich die entleerte Magmakammer lediglich wieder auffüllt bzw. der südlich gelegene Vulkan mit Nachschub versorgt wird."

Donnerstag, 3. November 2011 - 8:41 Uhr
El Hierro Vulkan - Magma steigt kräftig auf

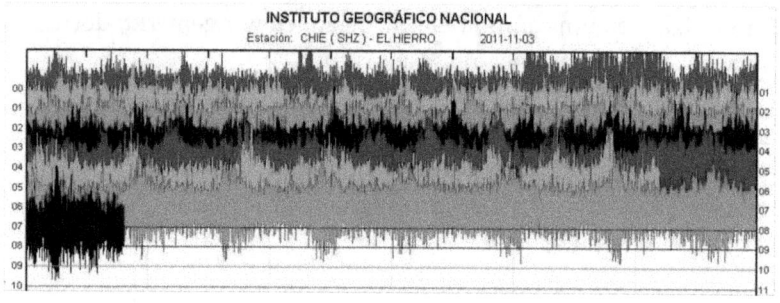

Der Tremor (Magmaaufstieg) hat sich heute morgen weiter verstärkt. Nach meiner Einschätzung dürfte innerhalb der nächsten 24 Stunden ein Lavaaustritt (Eruption) zu erwarten sein.

Die Frage ist jetzt nur wo ?
Zwei Möglichkeiten stehen nun zur Verfügung. Entweder findet das Magma seinen Weg Richtung Süden und wird den Eldiscreto weiter anhäufen. Hier besteht dann die Gefahr einer explosiven Eruption, da die Lavaaustrittstelle die kritische Linie von 150 bis 100 m bis zur Meeresoberfläche erreicht. In Verbindung mit Wasser und dem abnehmenden Meeresdruck wird es turbulent.
Die zweite Möglichkeit, die ich persönlich favorisiere, ist ein Ausbruch im Golfo. Hier ist nicht zwingend an eine Wassereruption zu denken, sondern auch an einen Ausbruch auf dem Land selbst denkbar.

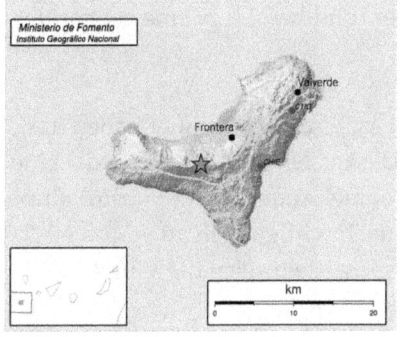

Aufhorchen ließ mich gestern Abend, ein Beben um 18.56 Uhr mit ML2,7 im Inselinnern in 17 km Tiefe. Das war genau oberhalb der Golfabbruchkante in Nähe des Berges Tanganasoga. Um es noch einmal klarzustellen, das sind meine Überlegungen und mein mögliches Szenario.
Kräftige Beben haben um 18.10 Uhr gestern Abend mit 4,4 auf der Richterskala und ML3,1 um 22.08 Uhr die Insel erschüttert. Die vergangene Nacht wurde wieder von vielen mittleren Erdstößen begleitet.
Aufgrund vieler Abfragen fällt zeitweise der Server des Geologischen Institut (IGN) aus. Bitte beschränken Sie sich mit Zugriffen, da Wissenschaftler die nicht am internen System angeschlossen sind, diese Daten zeitnah benötigen. Danke !

Wie das INVOLCAN (Vulkanische Institut) gestern noch bestätigte, liegt der Gasausstoß von CO^2 aus der Erd- und Wasseroberfläche bei **1044 Tonnen/Tag**. Der höchste jemals auf El Hierro gemessene Wert.

Normal sind es zwischen 140 bis 885 t/Tag. Bei der Eldiscredo Eruption am 6.10.11 lag der Wert nur bei 990 t an diesem Tag. Gastechnisch also auch ein untrügliches Zeichen für eine bevorstehende Eruption.
Zum Thema Lava Analyse hat sich das Gobierno Canarias endlich zu Wort gemeldet. Nach deren Gutachten handelt es sich beim Südausbruch um eine Mischung aus Basalt - schwarzer Teil, 43% SiO^2 und Trachyt/ weißer Teil, 63% SiO^2 mit starken Gaseinschlüssen. Es sei normales Lavamaterial und nicht explosiv.

Kommentare:
„Der Unterwasservulkan soll wieder "blubbern" d.h. eine verstärkte Aktivität zeigen!"

„Im Meer von La Restinga blubbert es. Einige Anwohner haben das Dorf schon auf eigenen Wusch verlassen. Señor Quintero sendet eine Nachricht der Beruhigung und bittet mehr oder weniger drum, Ruhe zu bewahren und die offiziellen Benachrichtigungen zu verfolgen. Man wisse ja jetzt, wo der Austritt sei, zudem seien die Vibrationen gegenüber heute morgen zurückgegangen."

„Der Katastrophenstab „Pevolca will sich um 18.00 Uhr zur Besprechung treffen"

„Ich denke das es im Golfotal nicht ruhig bleibt....schaut euch die letzten 24h an....Ich befürchte das dort unten bald auch Magma austritt.....Hat sich die Wissenschaft auch mal Gedanken gemacht, was geschieht wenn nicht mehr so viel Magma von unten aufsteigt und die Magmakammer sich entleert?
Wenn in der Tiefe der Wasserdruck höher ist als der Druck in der Magmakammer und durch die Risse im Ozeanboden Wasser in die Magmakammer eindringt? Das ist dann ein Pulverfass mit einer sehr kurzen Zündschnur!"

Eldiscreto meldet sich zurück

Donnerstag, 3. November 2011 - 15:57 Uhr

Schneller als erwartet meldet sich der Südvulkan Eldiscreto bei Restinga zurück. Diese Aufnahmen stammen aus dem Hubschrauber der Guardia Civil von 11.00 Uhr heute am Vormittag. Zu erkennen sind braun/grüne Flecken an der Meeresoberfläche. Die Aktivität hat zugenommen. Berichtet wird auch von zeitweise aufkommenden Strudel. Es ist davon auszugehen, dass die Intensität im Laufe des Tages weiter zunimmt. Erste Anwohner verlassen aus Unsicherheit das Ort Restinga (hier im Hintergrund zu sehen). Der Katastrophenstab muss erst "Tagen" um sich eine Entscheidung abzuringen. Aber das kennen wir ja bereits. Der Bürgermeister der Hauptgemeinde El Pinar strahlt gar Zuversicht aus. "Keine Gefahr, wir wissen ja jetzt wo sich der Vulkan befindet" Die evtl. noch aufkommenden Konsequenzen hat er sich dabei wohl nicht überlegt.

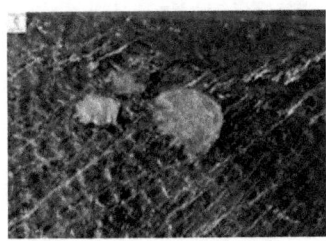

Ob sich der inzwischen an gespeicherte Magmavorrat hier im Süden entlädt, stelle ich einmal in Frage ? Der Tremor ist intensiver als je zuvor. Wachsam muss weiter das Golfotal beobachtet werden.

Auch das Gutachten zur Sicherheit des Golfotunnel kam heute durch Zufall an das Tageslicht. Danach stufen die beauftragten Mitarbeiter des Geologico y Minero de Espana (IGME) das Tunnel ab einer

Bebenstärke von 4,5 auf der Richterskala in 10 km Tiefe als nicht
mehr sicher ein. Große Felsbrocken könnten sich aus der 900 m
hohen Felswand lösen und herunter stürzen. Der Krisenstab
(Pevolca) möchte das Gutachten nicht veröffentlichen, da er es als
nicht notwendig ansieht.
Was bleibt dem Betrachter - er staunt und schweigt!

Kommentare:
„Die bisherigen Fördergänge funktionieren. der alte Schutthaufen (El
Hierro) setzt dem aufsteigenden Magma keinen größeren
Widerstand entgegen um es zu allzu kräftigen Beben kommen zu
lassen. Und da unten macht alle 30 Minuten jemand ein
Sicherheitsventil auf um Druck abzulassen. (Mal ganz
unwissenschaftlich ausgedrückt)
Das schnelle Wiedereinsetzen der Beben ab ca. 16:30 UTC zeigt
allerdings, das dort unten noch keine Ruhe eingekehrt ist. Jetzt ist
wieder Abwarten angesagt. Frontera ist nach den heutigen
Ereignissen erstmal außen vor. Das Magma hat an bisher
ungefährlicher Stelle den Weg gefunden. Und das auch noch in
besonders schönen Farben."

„Gibt es eigentlich keine IR-Aufnahmen der Insel und dem
umliegenden Meer? Damit müsste man den "Hot Spot" doch genau
lokalisieren können. Denn warmes Wasser steigt ja bekanntlich nach
oben und wenn man die Strömung mit einberechnet könnte man
genau erkennen wo das Wasser unter Druck ultrahoch erhitzt wird.
Immerhin herrschen bei 100 m z.B. 10 Bar und da verdampft das
Wasser nicht bei 100° C bei 150 m 15 Bar da der Druck unter Wasser
alle 10 m um 1 Bar steigt."

„Wenn ich mir so den Tremor von heute anschaue, mache ich mir als
Hobby Vulkanologe so meine Gedanken. Die starken Ausschläge
mitten drin könnte evtl. darauf hindeuten, das das Magma Passagen

passiert, wo es schneller durchdringt. Oder aber es sind kleinere Explosionen die durch eindringendes Meerwasser ausgelöst werden. Mit großer Sorge und auch Wut im Bauch sehe ich in meinen Augen grobe Unfähigkeit der örtlichen Behörden. Wenn schon Vulkanologen und Geologen davor warnen, das der Tunnel bereits ab einem mittleren Beben der Stärke MG 4,5-4,9 nicht mehr sicher ist und Steinschläge drohen, hört bei mir der gute Menschenverstand auf zu arbeiten. Wenn es tatsächlich zu einem Steinschlag kommen würde, bliebe im schlimmsten Falle nur der Weg über die alte Straße die Menschen aus der Gefahrenzone zu bringen. Hoffen wir das dies dann gut ausgeht.
Spätestens beim letzten 4,4er Beben hätte ich persönlich schon all das Nötigste zusammen gepackt und mich auf ein verlassen der gefährdeten Bereiche vorbereitet. Auto /Boot vollgetankt, Lebensmittel und Wasser für mindestens 2-3 Wochen."

„Ich wohne seit 25 Jahren auf der Insel und habe schon einiges hier erlebt. Was sich aber hier seit einigen Wochen abspielt ist auch für mich neu. Von Ruhe kann keine Rede sein,..das versuchen zwar die hiesigen Politiker zu ignorieren,..jedoch ist genau das Gegenteil der Fall. Die ältere Bevölkerung, die über kein Internet verfügt, ist den mehr oder weniger wahrheitsgetreuen Berichterstattungen der diversen TV Sendern ausgeliefert. Durch meine lange Zeit hier auf der Insel, kenne ich sehr viele Herreños und es gibt kein anderes Gesprächsthema mehr....nur sobre el volcan...das schlägt einigen so aufs Gemüt, dass auch der Verbrauch diverser Psychopharmaka steigt, um die nervliche Anspannung etwas auf die Reihe zu bekommen.."

Freitag, 4. November 2011 - 9:44 Uhr
El Hierro Vulkan - es sprudelt wieder

Im Süden sprudelt es weiter. (Luftaufnahme des Gobierno de

Canarias) Ob es sich um den gleichen Eruptionspunkt wie vor drei Wochen handelt, soll heute geklärt werden. Es tritt kaum "grüne Brühe" aus.

Das Gobierno Canarias (Kanarenregierung) spricht von zwei Zonen mit unterschiedlicher Färbung der Meeresoberfläche. Auch wurden zwei Bereiche mit schwimmenden Lavabrocken ausgemacht. Vielleicht hat sich doch im Süden noch ein weiterer Förderschlot geöffnet.

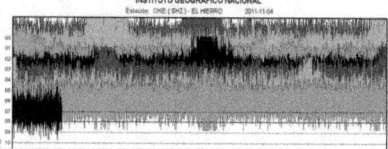

Der Tremor (aufsteigende Magma) läuft weiter auf hohem Niveau. Eine Entlastung, also der große Magmaaustritt dürfte noch bevorstehen. Dann bricht die jetzt breite Tremorlinie zu einem schmalen Band zusammen. Wenn Sie zurückblättern zur ersten Eruption kann das schön beobachtet werden.

Das Bebenzentrum liegt weiter im Golfotal. Eine Reihe von

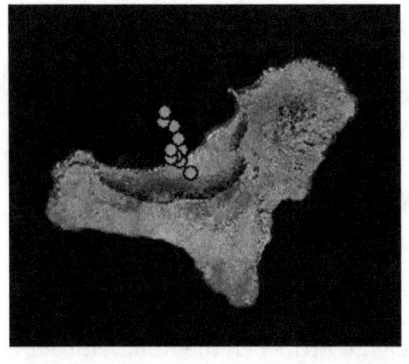
Erdstößen, bis ML3,2 gestern (3.11.) um 23.06 Uhr, erfolgten in 16 bis 21 km Tiefe. Hier dürfte die Magmahauptkammer angesiedelt sein. Ob nun der geöffnete Seitenschlot nach Süden große Entlastung bringt, möchte ich bezweifeln. Die kommenden Stunden werden es aber zeigen.

Juan Manuel Santana vom Krisenstab (Pevolca) hält die Lage in Restinga für sicher. Es erfolgt zum jetzigen Zeitpunkt keine erneute Evakuierung. Die inzwischen vor Ort anwesenden Wissenschaftler seien 24 Stunden vor einem bedrohlichen Ereignis jetzt in der Lage zu warnen. Die Lage sei ernst und Ruhe und Besonnenheit das oberste Gebot.

Im Umkreis von 1,5 km um den Vulkan Eldiscreto gibt es kein Leben mehr. Zu diesem Ergebnis kam Alberto Brito vom Institut für Meereskunde der Universität von La Laguna (Teneriffa). Alle Fische und Meerestiere wurden beim Ausbruch getötet. 96 Fischarten sind davon betroffen. Im weiteren Umkreis bis 5,5 km gibt es nur unterhalb von 200 m Meerestiefe noch Leben. Langsamwachsende haben die geringste, schnell wachsende Fischarten die größte Überlebenschance.

Traurig - ist doch gerade dieses Gebiet seit 1998 als Meeresbiotop und maritime Schutzzone für die Regeneration seltener Fischarten ausgewiesen worden.

Kommentare:

„Nachrichtensendung von Antena 3: Demnach hat die Ramon Margalef in der Golfobucht "material de nueva generación" gefunden."

„Hier erläutert einer der Kommentatoren, dass sich El Hierro genau an der Stelle des Hotspots befindet, an der die Grundzirkulation permanent nach oben drückt. Er schlussfolgert daraus, dass ein ständiger Magmanachschub zur Verfügung steht, wenn das Magma erstmal einen Weg nach oben gefunden hat.
Sollte dies wirklich so zutreffen, müsste man sich wohl auf eine längere Aktivitätsphase einstellen."

„Aktueller Hinweis
Seit Mitte September erschüttern leichte Erdbeben die Kanareninseln El Hierro und Gran Canaria. Die Beben unter El Hierro erreichten Stärken bis zu 4,4 Grad auf der Richterskala. Mitte Oktober trat vor der Südküste der Insel El Hierro in etwa 1000 Metern Wassertiefe Magma aus. Ein weiterer Austritt wird vor oder an der Küste der Provinz Frontera erwartet. Es kann zu Evakuierungen kommen, die den Aufenthalt auf Teilen der Insel einschränken.
Von Wasseraktivitäten wie Tauchen und Baden an der Südküste der Insel El Hierro wird abgeraten. - Quelle: Auswärtiges-Amt.de"

„Der stark pulsierende vulkanische Tremor geht derzeit in einen ruhigeren aber dafür kräftigeren Tremor über. Dies dürfte auch auf eine größere Auswurfmenge deuten und steht im Einklang mit zurückgehender Bebentätigkeit in den letzten Stunden."

„Die Rede ist von "Spaltenausbruch". Könnte es aber nicht auch die Strömung sein, die diese Erscheinungen versetzt?"

Freitag, 4. November - 14:45 Uhr
El Hierro Vulkan - Serien Vulkanausbruch ?

Neue Aufnahmen des IGN zeigen erstaunliches. Nicht nur ein oder zwei Vulkanschlote, sondern eine ganze Reihe von Eruptionen hat sich aktiviert. Aufgrund der Ausrichtung und Länge muss mit einem sich öffnenden Spalt - Vulkanausbruch gerechnet werden bzw. er ist bereits im Gange.

Aufgrund der seismischen Aktivitäten und des noch immer starken Tremor gibt es wahrscheinlich auch genügend Magma Nachschub um viele Schlote bedienen zu können.

News -Ticker

13.41Uhr – neues Beben mit ML3,8 in 21 km Tiefe im Golfo.

15.28 Uhr - starker Schwefelgeruch in Restinga

17.41 Uhr - wahrscheinlich drei Eruptionsherde ca. 1,5 km vor der Küste im Süden

Kommentare:
„Ich hoffe für alle auf der Insel das sich die Behörden nicht verschätzt haben. Angesichts der aktuellen Bilder würde ich die Beine in die Hand nehmen."

„Weiß jemand etwas genaueres über die Lage der neuen Eruptionsöffnungen? Aus den bisher veröffentlichten Bildern geht das ja nicht so richtig hervor."

„Da ich die Gegend gut kenne und die Fotos besser einschätzen kann, schätze ich ca. 1,5 km von der Küste entfernt. Werde später mal eine Google Karte mit den Punkten einstellen."

„Die Wissenschaftler sprechen nun von wahrscheinlich 3eruptiven Öffnungen. Die Aktivität soll sich seit dem frühen Nachmittag verstärkt haben und die Leute aus La Restinga sollen angeblich von "Einer großen Show" sprechen."

„Die Insel hat sich seit 1.2 Millionen Jahren überlegt zu wachsen. Der HotSpot der Kanaren denkt hier seit 20 Millionen Jahren darüber nach Inseln aus dem Meer zu schieben.
Ich glaube auch, das wir hier eine sich zuspitzende Situation erleben. Aber bisher gibt es keine Anzeichen für einen Big Bang oder so was. Die derzeitige Situation könnte sich auch über Wochen und Monate, was sag ich, Jahre wie auf Hawaii hin schieben. Bisher hat die Inselverwaltung alles richtig gemacht. Man kann nicht sicher sein das sich die Situation nicht doch plötzlich! verschärft. Aber man kann nicht einfach 10000 Menschen aus ihrem Lebensraum entfernen, wenn es dafür keinen guten Grund gibt. Und diesen Grund gibt es bisher definitiv nicht. Es gibt eine sich verschärfende Lage. Aber es gibt auch keinen Grund die Lage schlechter zu reden, als sie ist.
Moderate Bebentätigkeit. Leichte Eruptionen. Leichte Zuspitzung

der Gesamtsituation. Ich persönlich würde mir wünschen, das wir endlich konkrete Ergebnisse des wissenschaftlichen Teams auf diesem Forschungskutter präsentiert kriegen. Oder haben die immer noch ihre Krabbenzähler an Bord statt Geologen."

„Aber nach allen bisherigen Ereignissen möchte ich nicht derjenige sein, der darüber entscheiden muss, ob und wann und wo Menschen evakuiert werden sollen. Wenn die Leute vielleicht wochen- oder monatelang in Turnhallen oder Zeltstädten ausharren müssen und es passiert nichts, werden sie natürlich auf eine Rückkehr drängen, auch wenn sich die Situation zuspitzen sollte. Und wenn andererseits Maßnahmen zu spät ergriffen werden, dann wird man dem Krisenstab vorwerfen, warum es nicht schon früher geschehen ist. Oder wenn etwa Orte geräumt werden und die Lage beruhigt sich wieder, dann gibt es vielleicht sogar Klagen über den eingetretenen wirtschaftlichen Schaden.
Diese Leute sind wirklich nicht zu beneiden."

Freitag, 4. November 2011 - 18:49 Uhr
El Hierro Vulkan - es kocht und brodelt

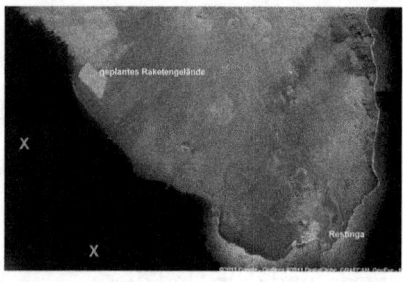

Die roten Kreuze kennzeichnen in etwa die Lage bzw. die Linie der neuen Eruptionen. Gesprochen wird von drei Eruptionen. Die Entfernung zur Küste beim nördlichsten Punkt, dürfte etwa 1,5 km betragen.
Die Meerestiefe ist mir nicht bekannt, aber durch die Küstennähe und die Unterwasser Gebirge möglicherweise sehr flach. Hier könnten wir noch Überraschungen erleben.
Die grüne Fläche ist eine mit Plastikplanen überspannte

Bananenplantage und gehört einer einflussreichen Familie aus Madrid. Genau auf diesem Gelände sollte das ESA Raketen-Startareal entstehen. Durch meine Recherchen zum Buch hatte ich Gelegenheit diese Örtlichkeiten genau unter die Lupe zu nehmen.

Foto: Gobierno de Canarias
Rauchende und auf der Meeresoberfläche treibende Lavabrocken. Ein schönes aber auch gefährliches Schauspiel. Darunter brodelt der Vulkan. Der Tremor hat weiter zugenommen, verläuft aber gleichmäßig. Beben gibt es weiter im Golfo, das Stärkste mit ML3,8 um 13.41 Uhr in 21 km Tiefe.

Die Informationspolitik des Gobierno de Canarias (Kanarische Gesamtregierung) hat sich seit gestern positiv verändert. Relativ schnell werden nun neue Fotos ins Netz gestellt. Allerdings meist ohne genaue Beschreibung, einfach kommentarlos. Aber der Wille ist zu sehen. Dafür ein Danke!
Etwas anders sieht es mit den Informationen des Krisenstabes aus, der vielleicht auch überfordert ist.
Die Ausdrucksweise auf der offiziellen El Hierro Emergencias - Seite, die die Anwohner informieren und warnen soll, vermittelt mit ihren Fachausdrücken keine verständliche Information.
Bezeichnungen und Umschreibungen wie etwa "Prozess der 'rektifiziertem Diffusion' oder Permanent-intermittierende Impulse" verstehen Wissenschaftler und vielleicht noch Hobbyvulkanologen, aber sicher kein Normalbürger geschweige denn ein einfacher Bauer und Ziegenhirte von El Hierro.
Hier sollte dringend daran gearbeitet werden um auch mit einfachen

Worten die Botschaft an den Mann/Frau zu bringen.

News: Erdbeben von ML4,4 um 20.36 Uhr im Golfo - Erdrutsch in Sabinosa und Guinea (Frontera).

Kommentare:
„Für mich als stiller Zuschauer ist das ein echter geologischer Hammer was sich da an den Kanaren abspielt. Die beachtlichen Beben spielen sich vor der Nordküste ab und im Süden öffnen sich Vulkan Schlote unter Wasser. Dabei nehmen die Beben kaum ab."

„Die beiden roten Punkte auf der Karte befinden sich in einem Bergsturzgebiet, ähnlich dem in El Golfo. Das heißt, es fällt ziemlich schnell ab. Die 1000 m Tiefenlinie verläuft dort etwa 2 km von der Küste entfernt."

„Um 20:36 Uhr gab es einen heftigen Erdstoß, den wir selbst hier in der Hafenregion überdeutlich gespürt haben !!!"

„Also wenn ich mal das Bild mit den roten Kreuzen mit dem Hierro Bild in Google Earth vergleiche komme ich beim nordwestlichen Kreuz bei ca. 1,5 km Küstenentfernung auf eine Tiefe von 175-105m!!! Beim 2.roten Kreuz wäre die Wassertiefe noch geringer ca.30-50 m.Da müsste jedoch wohl deutlich mehr "zu sehen" sein wenn diese Wassertiefe stimmen würde!
Mal abwarten was die offiziellen Stellen dazu angeben."

„Dieses Beben von 4,4 hat man sogar in Teneriffa / Santiago del Teide und La Gomera / Valle Gran Rey spüren können, nach diversen Anrufen beim Centro Coordinador de Emergencias del Gobierno de Canarias"

Samstag, 5. November 2011 - 9.09 Uhr
El Hierro Vulkan - starkes Beben und Erdrutsch

Blick auf Las Puntas und Tunneleingang
Zu den Vorgängen im Süden erfolgte um 20.36 Uhr im Golfotal gestern Abend ein Beben von 4,4 auf der Richterskala in 22 km Tiefe. Nach Aussagen von Wissenschaftlern und Anwohnern wurde dieser Erdstoß wesentlich stärker empfunden als die Messdaten anzeigen. Auch im Hafenbereich Estanca auf der Ostseite und sogar auf den benachbarten Inseln La Gomera und Südteneriffa war er zu verspüren. Das Beben löste im Golfotal in Guinea und bei Sabinosa Erdrutsche aus, die jedoch keine Schäden hinterließen. Vorsorglich wurde das Golfotunnel vom Krisenstab für die Nacht gesperrt.

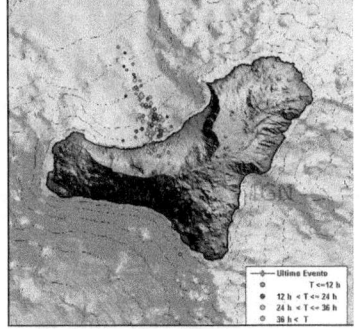

Da das Geologische Institut (IGN) weitere stärke Erdbeben nicht ausschloss wurden in Las Puntas auch 11 Wohnhäuser im Steinschlag gefährdeten Bereich evakuiert. Ein weiteres Beben der Stärke ML3,6 erfolgte um 0.16 Uhr diesmal im Süden. Das Bebenzentrum lag in 11 km Tiefe.

Auf dieser IGN Grafik ist die Lage und Verteilung der Beben in den letzten 3 Tagen zu erkennen. Auffallend, dass es nur einen Erdstoß, nämlich den von heute Nacht, im Süden gab. Neue Meldungen aus der Südregion liegen noch nicht vor.

NEWS: Neue Beben um 9.05 Uhr mit ML3,5 und um 9.44 Uhr mit ML3,9 beide im Golfo - starker und nervöser Tremor zu beobachten.

Kommentare:
„Gestern um etwa 20 Uhr sah es so aus, als hätte der Tremor deutlich nachgelassen, nachdem er vorher den "Rand" der Grafik überschritten hatte. Mir kam das gleich komisch vor, weil der Rückgang nach einer kurzen Aufzeichnungsunterbrechung kam. Heute lese ich, dass man da die Anzeige skaliert hat, also sozusagen den Maßstab geändert. Inzwischen hat der Tremor wieder fast das gleiche Ausmaß. Ich finde das richtig unheimlich. Oder ist das eine Überbewertung?"

Samstag, 5. November 2011 - 14:08 Uhr
El Hierro Vulkan - Golfotunnel wird geschlossen

Wie soeben der Krisenstab (Pevolca) entschieden hat, wird das Golfotunnel bis auf weiteres komplett gesperrt. Zu groß sei die Gefahr einer weiteren Nutzung durch einen Steinschlag oder Erdrutsch.
Eine nicht überraschende und notwendige Maßnahme bei den zunehmenden Erdbeben.

Seit 8.00 bis 12.30 Uhr gab es im Golfo allein weitere 15 Erdstöße. Das kräftigste Beben erreichte um 9.44 Uhr die Stärke ML3,9. Auch steter Tropfen höhlt den Stein und führt im Laufe der Zeit zu instabilen Felswänden.
Der Tremor macht plötzlich Kapriolen, so dass nach meiner

Einschätzung in Kürze irgendwo größere Mengen Magma austreten könnten.
Eine erste Zwischenbilanz zu dem am 2.11.2011 gestarteten Hilfeaufruf "Notunterkünfte gesucht" kann bereits gezogen werden. Über 50 Unterkünfte auf allen Kanarischen Inseln und sogar aus Deutschland wurden angeboten. Dafür darf ich mich bedanken. Auch für die angebotenen Sach- und Transporthilfen meinen Dank Die Adressen werden von mir gesammelt und dann im Bedarfsfalle an das Rote Kreuz bzw. den Katastrophenstab von El Hierro weitergeleitet.
Die Aktion läuft weiter - wer helfen möchte kann mir sein Angebot weiter zu kommen lassen.

Samstag, 5. November 2011 - 17:05 Uhr
El Hierro Vulkan - Whirlpool im Süden

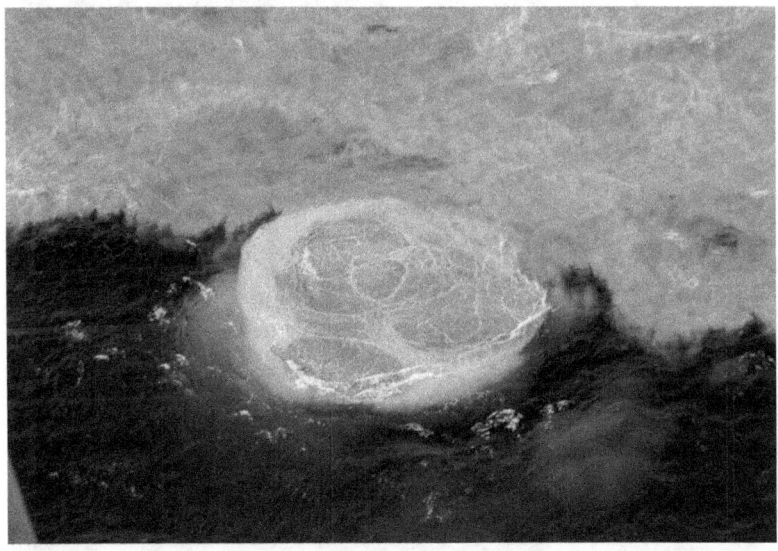

Aktuelle Aufnahmen des Gobierno de Canarias vor wenigen Stunden.

Es handelt sich wahrscheinlich um die von Restinga am nächsten liegende Ausbruchstelle.
Berichtet wird von einer großflächig verfärbten Meeresoberfläche in braun/grau und grünlich, die sich weiter ausbreite. Das ganze Szenario erinnere an einen großen kochenden Suppentopf mit aufsteigenden Rauchschwaden.
Das Forschungsschiff "Ramon Margalef" ist vor Ort um nähere Aufschlüsse unter Wasser zu gewinnen. Der Einsatz des ROV-Roboter sei jedoch wegen der starken Hitze problematisch. Die Sensoren dieses Gerätes halten nur Temperaturen bis zu 35° aus.

Weiter wurde bekannt, dass der Katastrophenstab auch die südliche Ausfahrt bei Pozo de La Salud wegen Steinschlag aus dem Golfotal gesperrt hat. So - nun bleibt nur noch die alte Bergstrecke über die Berge offen... und die ist keineswegs gegen Erdrutsch geschützt. Auf diese Problematik hatte ich ja bereits vor Tagen vermehrt hingewiesen.

Last but not least wurde auch noch im Nordteil von El Hierro wegen Steinschlag die Straße zum Meeresbad Pozo de "Las Calcosas" geschlossen. Keine wichtige strategische Strecke, aber der Weg zu einem schönen Plätzchen und das zeige ich Ihnen hier.

Kommentare:
„La Restinga wird gerade evakuiert wegen stärkerer Aktivitäten und giftiger Gase. Die Menschen dort tun mir sehr leid."

„Aufgrund der seismischen Aktivitäten die El Hierro betreffen und als Vorsichtsmaßnahme, ist man dabei - zum zweiten Mal - die Bewohner von La Restinga auszulagern."

Samstag, 5. November 2011 - 19:58 Uhr
El Hierro Vulkan - Restinga evakuiert

Foto: LaProvincia

Kurz vor Sonnenuntergang haben sich dramatische Szenen vor Restinga abgespielt. Mehrere Eruptionstelle hätten sich geöffnet. Einige Quellen sprechen von bis zu 5 sprudelnden Geysiren. Die aus dem Meer aufsteigenden Gasblasen hätten die Höhe eines 2-stöckigen Hauses erreicht (Quelle: Canarias7).
Das Ort Restinga wurde sofort mit Hilfe des Militärs evakuiert. Die Notevakuierung sei in 30 min. abgeschlossen gewesen.

Das sind erste nicht bestätigte Augenzeugen-Berichte. Sobald weiteres bekannt ist, melde ich mich.
Die Journalisten von La Provincia sprechen von bis zu 20 m hohen Blasen. Sehr viele, vielleicht giftige Dämpfe, seien ausgetreten.
Der Alptraum wiederholt sich, so eine evakuierte Anwohnerin von La Restinga. Viele finden bei Verwandten und Freunden Unterschlupf. Nur wenige müssen in die Notquartiere von Valverde.

21.32 Uhr - Soeben hat der Krisenstab die Sofortevakuierung von Restinga bestätigt. Es sei eine vorbeugende Maßnahme, da außer Dampf auch Aschepartikel in den austretenden Massen entdeckt wurden. Die nächste Eruptionstelle soll sich nur wenige hundert Meter vom Land entfernt befinden.

22.18 Uhr - Ein evakuierter Anwohner erzählt: "Nur wenige hundert Meter von der Strandpromenade entfernt, habe sich plötzlich im Meer ein Spalt geöffnet und Rauch und Lava ca. 10 m in die Höhe geschleudert und eine Druckwelle habe ihn dann erfasst."

Kommentare:
„Das Meer wölbt sich da schon ein paar Meter in die Höhe, große Mengen Gas scheinen auszutreten, die womöglich auch giftig oder schwerer als Luft sind.."

„so faszinierend und spannend es ist das hier zu verfolgen, so beängstigend ist es leider auch für Anwohner und die schöne Insel."

„Gefällt mir überhaupt nicht.. mein Freund wird dort morgen polizeilich eingesetzt : Oh man... Ich hoffe, es geht noch einmal gut."

„In den untersten Luftschichten über dem Meer weht in den nächsten 3 Tagen (bis einschl. Dienstag) noch ein lebhafter Nordostwind, der etwaige Aschewolken auf das offene Meer hinaustreibt. Ab Dienstag wird der Wind deutlich schwächer, aber bleibt im wesentlichen auf Nordost.
Solange die Aschewolke also unter ca. 2 km Höhe bleibt, sind die Nachbarinseln nicht betroffen."

„Ich hoffe für alle auf der Insel das die Nacht ruhig verläuft und es kein böses erwachen gibt. Wir legen uns jetzt zur Ruhe und hoffen das der Hotspot Eiffel ruhig bleibt. Auf der Bilderbuch Insel entsteht hoffentlich der Bilderbuch Vulkan der schön stetig wächst ohne Ärger zu machen und dann Ruhe gibt so das viele alte und neue Touristen euren Vulkan bewundern kommen. Wir denken an euch!"

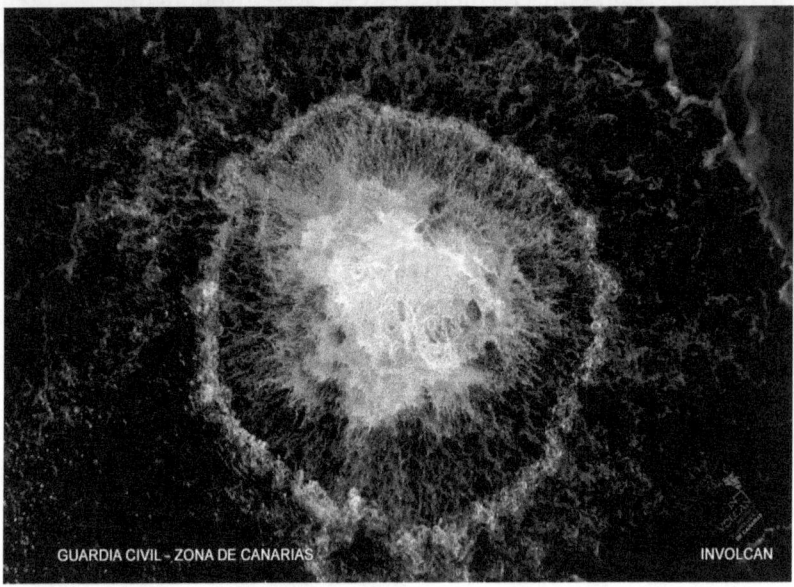

Die Eruption

Sonntag, 6. November 2011 - 7:57 Uhr

Foto: Laprovincia Rafa Avero

Kurz nach 18.00 Uhr am Samstagabend brach nun der erwartete Vulkan bei Restinga aus. Mindestens zwei Explosionen beförderten Gas, Asche und anderes magmatisches Material in 20 m Höhe über den Meeresspiegel. Im nahen Ort Restinga brach Panik aus.
Die Lage des neuen Vulkan wird unterschiedlich angegeben. Bewohner berichten von wenigen hundert Metern vom Ort, das Gobierno von ca. 2 Meilen (3,6 km).

Die im Ort verbliebenen 200 Anwohner wurden sofort evakuiert und in einem Schülerwohnheim in Valverde untergebracht.
Nach Berichten soll der Vulkan in der Nacht pulsierend alle 30 bis 40 min. Asche und Wasser in die Atmosphäre ausgeworfen haben.
Mehr war in der Nacht nicht zu beobachten.

Im Nordgolfo in Los Polvillos wurden weitere 51 Anwohner wegen

Steinschlag- und Erdrutschgefahr in Sicherheit gebracht. Das IGN hat weitere kräftige Erdbeben bis ML4,6 prognostiziert.

Evento	Fecha	Hora (GMT)*	Latitud	Longitud	Prof. (km)	Int. Máx.	Mag.	Tipo Mag. (**)	Localización
1110571	06/11/2011	04:09:51	27.7874	-18.0399	20		1.9	4	NW FRONTERA.IHI
1110568	06/11/2011	03:40:04	27.8197	-18.0588	23		2.0	4	NW FRONTERA.IHI
1110558	06/11/2011	03:20:11	27.7739	-18.0505	16		2.6	4	NW FRONTERA.IHI
1110556	06/11/2011	03:19:00	27.8243	-18.0844	18		1.8	4	NW FRONTERA.IHI
1110560	06/11/2011	03:12:08	27.7739	-18.0323	21		1.9	4	NW FRONTERA.IHI
1110553	06/11/2011	03:00:27	27.7852	-18.0518	21		2.6	4	NW FRONTERA.IHI
1110559	06/11/2011	02:56:48	27.7233	-18.0433	29		1.6	4	SW FRONTERA.IHI
1110555	06/11/2011	02:47:03	27.7526	-18.0286	21		1.6	4	W FRONTERA.IHI
1110557	06/11/2011	02:45:18	27.7324	-17.9899	27		1.5	4	SE FRONTERA.IHI
1110551	06/11/2011	01:09:06	27.8023	-18.0374	21		1.6	4	NW FRONTERA.IHI
1110546	06/11/2011	00:56:35	27.8121	-18.0596	22		2.0	4	NW FRONTERA.IHI
1110547	06/11/2011	00:53:39	27.7349	-18.0156	20		1.9	4	SW FRONTERA.IHI
1110549	06/11/2011	00:50:44	27.8359	-18.0389	19		2.1	4	NW FRONTERA.IHI
1110550	06/11/2011	00:48:31	27.7645	-18.0497	15		2.9	4	W FRONTERA.IHI
1110540	05/11/2011	23:50:09	27.7623	-18.0527	16		2.6	4	W FRONTERA.IHI

Das ist die Bebenbilanz der vergangenen Stunden. Alle Erdstöße erfolgtem im Golfobereich. Insgesamt nur mittlere Beben bis zu ML2,9. Der Tremor hat nach einer kurzen Verschnaufpause wieder voll an Fahrt zu genommen. Nach meiner Meinung wird es heute wieder kräftige Ausbrüche im Süden geben. Aber auch das Golfotal sollte man nicht aus dem Auge lassen. Hier sind noch Überraschungen möglich.

Die Asociacion Canaria Meteorologia (ACANMET) hat bereits

Berechnungen angestellt, wohin eine evtl. aufkommende
Aschewolke abdriften kann. Durch die günstige Windrichtung von
Nordosten wird sie sich in den südlichen Atlantik verteilen. Warten
wir einmal den Tag ab was er offenbart und weiteres bringt.

Sonntag, 6. November 2011 - 16:06 Uhr
El Hierro Vulkan - still ruht die See

News: Gobierno bestätigt zwei bis zu 20 m hohe Wasserfontänen um
18.00 und 18.05 Uhr mit Lava und Gas im Eruptionsgebiet. Dauer ca.
1 min. vom 5.11.2011.

... oder passender die "Ruhe vor dem Sturm". Das könnte das heute
um die Mittagszeit aufgenommene Foto des Gobierno vermitteln.
Lassen wir uns aber nicht täuschen, dieser Vulkan ist unberechenbar.
Das Ende der Aktivität haben wir noch lange nicht erreicht.
Aus dem obigen Foto lässt sich gut die Lage und Entfernung zur

Küste ableiten. Das Krisenstab spricht inzwischen von 1 Meile (1,8 km) bis Restinga im Hintergrund. Es ist ungefähr die alte Eruptionstelle von vor 4 Wochen. Über die Lage der anderen Ausbruchstellen wurde nichts bekannt gegeben. Mehrere Stellen, so der Krisenstab sprudeln vor sich hin und spucken eine bräunliche Brühe aus.
Im Küstenbereich und auch oberhalb im Gelände werden starke (giftige) Schwefeldämpfe wahrgenommen.
Die Bewohner von Restinga dürfen in der Zeit zwischen 8.00 - 18.00 Uhr für max. 1 Stunde in ihr Haus zurück um Tiere zu füttern oder Dinge mitzunehmen.

Was sagen uns die neuen Messdaten mit meiner Interpretierung:
Der Tremor hat seine alte Stärke erreicht, mit starken Schwankungen. Ein weiterer kräftiger Magmanachschub findet statt und eine Eruption wird in den nächsten Stunden erfolgen. Hoffentlich noch zur Tageszeit damit der Vorgang auch beobachtet werden kann.
Die Beben im Golfo halten weiter moderat an. Hier ist die Situation schwer einzuschätzen. Eine plötzliche Entladung mit einem sehr starken Beben ist möglich. Meine Gedanken und Sorgen liegen im Moment mehr im Golfo als an der Südküste, weil hier die örtlichen Verhältnisse wesentlich gefährlicher sind.

Gestern hat es der Katastrophenstab (Pevolca) es gerade noch geschafft die Anwohner von Restinga unversehrt zu evakuieren. Der Zeitpunkt (bei Eruptionsbeginn) war jedoch viel zu spät gewählt. Bereits die Eruptionen vom Vortage hätten dieses Signal zur Evakuierung auslösen müssen.
Ich habe den Eindruck hier wird russisches Roulett gespielt oder die Pokerkarte bis zum bitteren Ende ausgereizt.
Nach ging alles gut! Im Golfo wird das jedoch nicht so funktionieren. Das sind meine, - ich denke berechtigten Sorgen.

Kommentare:
„Hallo, bisher habe ich den Blog stumm verfolgt. Hier ist viel über "Panikmache" geschrieben worden. Die derzeitige Situation macht mir nun aber spezielle Sorgen: Im Süden findet sich offensichtlich giftiges Schwefeldioxid. Wenn ich die Wetterprognosen richtig interpretiert habe, nicht so schlimm, da der Wind ablandig ist. Was passiert aber bei einem, selbst ähnlich großen Ausbruch in der Golforegion? Gleiches Gas, auflandiger Wind, kaum Fluchtwege. Die Folgen möge sich jeder ausdenken. Sorry aber ich hätte einfach ziemlich viel Angst da"

„Habe eben gelesen das es ein Kommuniqué einiger Wissenschaftler gibt die das Volumen nicht mehr auf 50 Millionen Kubikmeter sondern auf 1Milliarde Kubikmeter sprich
1 000 000 000 Kubikmeter schätzen also von einem Volumen von einen Kubikkilometer der Magmakammer ausgehen. Kann das jemand bestätigen"

„Es gibt auch noch einen Unterschied zwischen der Größe der Magmakammer und den entsprechenden Mengen Lockermasse, die eine entsprechende Menge Magma produzieren kann.
Ein kleines Beispiel. Die Eruption des Laacher Sees bestand aus ca 6km^3 Magma die sich in 16km^3 Lockermasse verwandelt haben.

Der Ausbruch des Mount St. Helens 1980 entstand aus ca. 1.2km^3 Magmamasse. Sehr explosiv damals.
Aber 1km^3 kann auch einfach ganz friedlich ins Wasser laufen, wie Hawaii beweist."

„Als Naturwissenschaftler appelliere ich hier an alle Kommentatoren sich so, wie Herr Betzwieser es vorbildlich in seinen Beiträgen tut, sich an die Fakten zu halten.

Was der Vulkan als nächstes tut ist nicht wirklich vorhersagbar, es deutet aber vieles daraufhin, das er so schnell nicht zur Ruhe kommt.
Von Urlaub auf El Hierro würde ich aufgrund der unsicheren Lage derzeit dringend abraten, lieber auf eine der anderen Kanareninseln ausweichen. Auch wenn von El Hierro selbst aufgrund wirtschaftlicher Interessen und Vogel-Strauß-Taktik von El Hierro Ansässigen hier immer wieder zu lesen ist, wie schön und friedlich es dort zur Zeit ist.
Zur Zeit kann man wie gesagt nur schlecht Vorhersagen, was als nächstes passiert. Und sollte es zu einem größeren Ausbruch kommen halte ich es für unverantwortlich, wenn man als Urlauber den Hilfskräften dort im Weg steht oder selber auch noch mit evakuiert werden muss und damit zusätzliche unnötige Arbeit für die Helfer verursacht." ....

... das war die Entwicklung bis Anfang November 2011 – und genauso spannend geht es weiter.

Der Eldiscreto hat sich im weiteren Verlauf zu einem wahren Farbenkünstler entwickelt und über viele Quadratkilometer die Meeresoberfläche in ein großes Meeres-Gemälde verwandelt.

Ein Naturschauspiel das es in dieser Form noch nie gab und in seinen Einzelheiten so dokumentiert wurde.
Bei Drucklegung dieses Buches im März 2012 war der Eldiscreto noch in abgeschwächter Form aktiv und ein endgültiges Ende nicht in Sicht.
Menschen kamen bisher nicht zu Schaden, aber die materiellen und wirtschaftlichen Einbußen sind groß.
El Hierro kann nach heutigem Wissenstand (März 2012) problemlos und ohne Gefahr bereist werden.
Verfolgen Sie die weitere dramatische und spannende Entwicklung

des Vulkan im Fortsetzungs- Band II mit. Den Erscheinungstermin bestimmt alleine der Eldiscreto. Wahrscheinlich aber bis Herbst 2012.
Für Wünsche und Anregungen benutzen Sie bitte meine Mailadresse: La.Palma@web.de

Herzlichst Ihr
Manfred Betzwieser

Auf meiner Webseite: **Elhierro1.blogspot.com** berichte ich fortlaufend aktuell über die Geschehnisse auf El Hierro. Hier finden Sie auch Urlaubsangebote und private Ferienunterkünfte.

Bereits erschienene Bücher des Autors:

Geheimnisvolles El Hierro
Leitfaden und Ratgeber mit Informationen und viel Insiderwissen über El Hierro.
Taschenbuch: 158 Seiten
Verlag: BOD
ISBN: 978-3-8391-8633-6
Info: www.Elhierro-buch.de

La Gomera
Auszeit... Traumzeit auf einer kleinen Insel. Bildband zum Träumen mit den schönsten Augenblicken.
Taschenbuch: 128 Seiten
Verlag: BOD
ISBN: 978-3-8423-5750-1
Infos: www.Gomera1.de

Soll ich Auswandern ?
Warum Auswandern – Was ist besser , was ist schlechter. Warum gerade die Kanarischen Inseln ?
Taschenbuch: 204 Seiten
Verlag: BOD
ISBN: 978-3-8423-5136-3
Infos: www.Auswandern1.de

www.ingramcontent.com/pod-product-compliance
Lightning Source LLC
Chambersburg PA
CBHW050206230526
45470CB00001B/256